KB142922

히틀러의
하늘의 전사들

KODEF 안보총서 4

히틀러의
하늘의 전사들

제2차 세계대전 독일 공수부대 팔쉬름얘거의 신화

크리스토퍼 아일스비 지음 | 이동훈 옮김

플래닛미디어
Planet Media

차
례

1 독일 공수부대의 기원 7

2 조직과 훈련 29

3 화려한 등장 53

4 크레타 침공 73

5 러시아 – 독일 공수부대의 늪 97

6 북아프리카 – 사막의 사냥꾼들 121

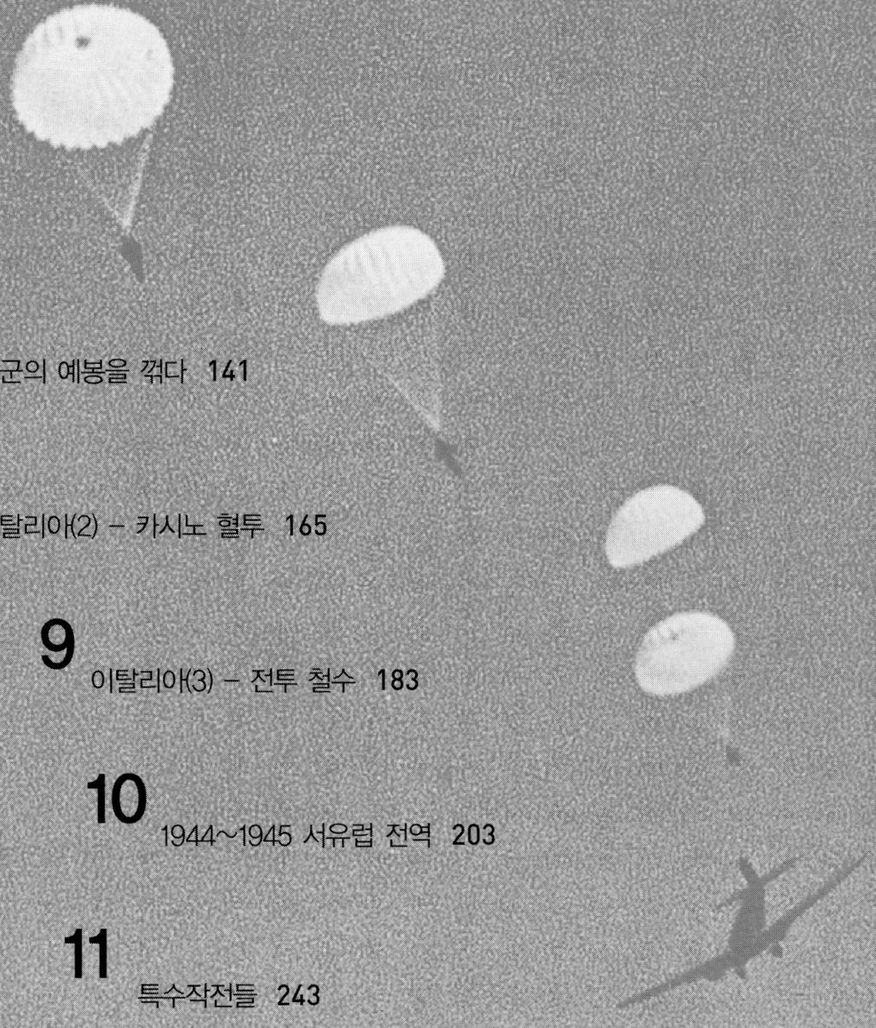

7 이탈리아(1) – 연합군의 예봉을 꺾다 141

8 이탈리아(2) – 카시노 혈투 165

9 이탈리아(3) – 전투 철수 183

10 1944~1945 서유럽 전역 203

11 특수작전들 243

부록 1 : 사단 조직도 264

부록 2 : 독일 공수부대 수훈자 명단 267

찾아보기 273

1

독
일

공
수
부
대

의

기
원

독일은 1930년대 중반이 되어서야 공수부대 육성에
관심을 갖기 시작했으나, 나치의 후원 아래 1개 공수
사단을 편성할 수 있는 기초가 마련되었다. 하지만 그
보다 먼저 독일은 제1차 세계대전 패전이 남긴 폐허를
딛고 공군과 항공 산업을 재건해야 했다

독일 공수부대(Fallschirmjäger)의 발전사는 제1차 세계대전 이전까지 거슬러 올라갈 수 있다. 1900년~1914년에 군사 역사상 획기적인 발명품 두 가지가 등장했는데, 첫째는 잠수함이었고 둘째는 더 나중에 등장한 동력 항공기였다. 동력 항공기는 전 유럽을 매료시켰고, 유럽인들은 그것이 불러일으킨 환상과 광적인 흥분에 깊이 빠져들었다. 독일이 동력 항공기에 아주 큰 관심을 보인 반면, 대영제국의 당국자들은 회의적인 반응을 보였다. 예를 들어, 1909년에 영국 제국방위위원회(British Committee of Imperial Defence)는 다음과 같이 보고했다.

"항공기가 악천후 속에서도 작전을 안전하게 수행할 수 있는지는 아직 검증되지 않았다. 본 위원회는 가까운 장래에 항공기가 크게 발전할 것이라고 하는 어떤 신뢰

세2차 세계대전 당시 서열 훈인 독일 공수부대 대대. 스목(smock)에 박힌 공군을 상징하는 독수리가 인상적이다. 맨 왼쪽에 서 있는 두 사람은 장교로, 개방형 버클이 달리고 구멍이 두 줄로 나 있는 독일 공군장교용 벨트를 착용하고 있다. 나머지 병사들은 사병용 표준지급품인 합금 버클 벨트를 착용하고 있다.

훈련 중인 DFS-230 글라이더의 상부 해치 기관총 사수 팔뚝에 있는 한 줄로 된 갈매기표 수장(袖章)과 옷깃에 있는 계급장으로 보아 계급이 일병인 것을 알 수 있다.

할 만한 증거도 확보하지 못했다."

위원회는 1,000파운드나 되는 항공기의 비싼 가격 때문에 4만 5,000파운드의 예산을 항공기 대신 비행선에 투자해야 한다고 결론지었다. 얼마 안 있어 영국 육군성은 항공기 실험에 2,500파운드나 되는 비용이 들기 때문에 예산 투입을 중지하겠다고 발표했다. 동시에 프랑스는 육군용 항공기에 4만 7,000파운드에 상당하는 예산을 투자했다. 비행과학에서 선도적인 위치를 점하고 싶어하던 독일은 항공기 연구비로만 40만 파운드를 투자했다.

독일은 항공기술을 연구하기 위한 프로젝트를 독일 육군성의 데 레 로이(de le Roi) 대위 감독 하에 추진하기 시작했고, 참모장교인 헤세(Hesse) 소령이 주관하는 항공기술부를 설치했다. 이러한 육군의 노력을 민간 기업과 연계하기 위해, 육군 중장 폰 링커 남작(Freiherr von Lyncker)의 지휘 하에 감찰국을 신설했다. 이어서 정부와 민간업계가 힘을 합쳐 항공기 설계국을 창설하게 된다. 1909년, 항공기는 최초로 군사 목적에 사용되어 빌헬름 2세(Wilhelm II)가 관전하던 기동훈련에 참가했다. 그 이듬해인 1910년에는 최초로 비행학교가 설립되었고, 1910년 7월 8일에 데 레 로이 대위는 되버리츠(Döberitz)에 설립된 임시 비행학교의 지휘관을 맡게 된다. 되버리츠 비행학교의 지휘부는 데 레 로이 대위와 게어드츠(Geerdtz) 중위, 마켄툰(Macken-thun) 소위, 폰 타르노치(von Tarnoczy) 소위로 구성되었다. 이 4명이 비행교습을 시작한 지 1주가 지나고, 12월 중순이 되자 장교 6명이 새로 비행훈련 과정을 마쳤다. 비행학교 훈련 결과에서 장래성을 발견한 독일 육군성은 항공기 구입에 11만 마르크를 할당했다. 이것이 독일 공군 창설을 향한 첫걸음이었다. 1910년에는 독일 항공협회와 '병력수송 및 민간 조종사를 위한 교통부 감찰국'이 관리하는 조종사 자격증 발급 체계가 등장했다. 그리고 1910년 2월 1일에 아우구스트 오일러(August Euler)가 독일 최초로 항공기 조종사 자격증을 받았다. 1913년 1월 27일, 황제는 군대의 항공기 조종사들을 치하하고 그들의 기량을 공인하기 위해 군 조종사 휘장을 제정했다.

1914년 8월, 제1차 세계대전이 발발했을 때 처음에는 항공전의 중요성이 무시되었다. 각 참전국의 고위 참모들은 항공기를 용도가 애매모호한 장난감 정도로 여겼으며, 아직 초기 단계에 있던 항공부대에 소속된 군인들은 '진짜' 전투를 기피하기 위해 그곳에 들어간 '도피자'로 매도당하곤 했다.

예를 들어, 제1차 세계대전 발발 1개월 전, 올더쇼트(Aldershot) 육군훈련소 소장이면서 훗날 영국 해외파견군 사령관을 맡게 되는 더글러스 헤이그(Douglas Haig) 경은 병사들을 집합시킨 자리에서 이렇게 말했다.

"여러분 중에 항공기를 정찰에 유용하게 사용할 수 있다고 생각하는 멍청이는 없을 거라고 믿는다. 지휘관이 정찰을 통해 정보를 얻는 유일한 방법이 있다면, 그것은 바로 기병대를 사용하는 것뿐이다."

제1차 세계대전 중 독일 항공병들이 AEG(Allgemeine Elektrizitäts-Gesellschaft: 독일 전기회사) C형 4호 비행기가 이륙할 수 있게 준비를 하고 있다. 전쟁이 끝나기 몇 달 전부터 독일 조종사들은 낙하산을 지급받았다. 조종사들이 낙하산을 사용하는 것을 별로 좋아하지 않았던 영국 항공위원회는 다음과 같이 발표했다. "위원회의 공식 입장은 기구(낙하산)가 조종사들의 투혼을 좀먹고 그들이 기지로 돌아와 수리를 받을 수 있는 항공기를 버리게 만들 수도 있다는 것이다." 위원회는 낙하산을 지급하는 것보다는 승무원과 기체를 보호하는 장갑판을 설치하는 것이 더 낫다고 보았다.

어렵게 첫발을 떼다

영국 왕립항공대(Royal Flying Corps: RFC)는 조종사를 겨우 197명 이끌고 참전했다. 2주 후, 영국군 항공감인 세프톤 브랭커(Sefton Brancker)는 전국에 있는 비행 기술 보유자들의 명단을 조사한 끝에 왕립항공클럽(Royal Aero Club)의 조종사 인증을 받은 인원이 862명뿐이라는 사실을 알게 된다. 그 중에서 즉시 실전에 투입할 수 있을 만한 인원은 단 55명뿐이었다. 그러나 양군이 공중전을 중요하게 여기지 않았고(당시의 항공기에는 총이 장착되어 있지 않았다), 공중전에 의한 사상자도 많지 않을 것으로 예상했던 당시에는 이러한 인력 부족은 큰 장애로 여겨지지 않았다. 1915년 여름이 되어서도 영국은 단지 200명을 대상으로 항공기 조종법을 가르치고 있었고, 비상시에는 주말에 취미로 비행을 즐기던 신사계급에서 필요한 조종사들을 충당하면 된다는 것이 정책 입안자들의 기본적인 생각이었다. 영국 육군성은 나름대로 묘안을 내어 이렇게 공표했다.

"개인 항공기를 가진 RFC 대원들이 비행훈련 기간에 자기 비행기를 중앙비행학교(Central Flying School)에 가져와 훈련에 사용하도록 장려해야 한다."

또한 RFC는 항공 클럽의 자격 인증을 받은 사람들만을 후보생으로 선발했고, 게다가 입대할 때 교육비로 75파운드를 내게 했다. RFC의 자격심사는 기이하기 짝이

1930년대 중반, 독일 공수부대 훈련병들이 강하 훈련을 하기 위해 도르니에 Do-23 폭격기에 탑승하고 있다. Do-23은 신생 독일 공군이 마련한 첫 폭격기 중 하나였다. 이 항공기는 곧 수많은 결함, 특히 저출력과 운용 실수에 관련된 문제들을 드러냈다. 1939년이 되자 이 쌍발 항공기는 어느 새 구식이 되었고 공수부대 훈련병들의 강하 훈련용으로나 사용되었다. 사진 속에서 공수부대 훈련병들이 튜브형 무릎보호대를 착용하고 있는 것을 볼 수 있는데, 스펀지 고무를 가죽으로 씌워 만든 이 무릎보호대는 신축성 있고 조절 가능한 두 개의 튼튼한 끈으로 고정한다. 이 끈들은 무릎 뒤에서 교차하여 보호대 반대편에 있는 단추걸이에 끼우게 되어 있다.

독일 육군 공수휘장 독일 육군의 공수부대는 공군에 합병되기 전에 대원들에게 이 사진에 나오는 것과 같은 공수휘장을 수여했다. 1937년 6월에 제정되어 1939년 1월까지 수여된 이 휘장의 금색 떡갈나무 잎 화환 상단에는 날개를 접은 독일 국방군 독수리와 스바스티카(swastika, 卍)가 있으며, 화환 중앙에는 아무것도 잡지 않은 채 하강하는 독수리가 들어가 있다. 이 휘장은 6차례 낙하산 강하를 한 병사에게 수여되었으며, 자격을 유지하려면 1년에 적어도 6회는 강하해야 했다. 육군 소속이었다가 공군 공수부대원이 된 병사들의 경우, 공군제복에도 이 육군 휘장을 착용할 수 있었다.

글라이더 조종사 휘장 1940년 12월 16일에 제정되었다. 양쪽 면에 세 장의 떡갈나무 잎 묶음이 8개씩 들어간 화환으로 이루어져 있다. 떡갈나무 잎 묶음 양 옆의 잎사귀는 화환의 안팎 경계를 이루고 있다. 화환의 양쪽 면이 만나는 정점에는 떡갈나무 잎이 서로 마주보고 있으며, 화환 바닥의 가운데에는 스바스티카가 있다. 화환 중앙에는 왼쪽에서 오른쪽으로 날아오르는 독수리가 들어가 있다. 앞쪽으로 쭉 뻗은 날갯죽지 위에 선명하게 새겨진 독수리의 머리를 볼 수 있다. 전쟁이 진행되면서 이 휘장의 질은 점점 나빠졌다. 독수리와 화환의 문양뿐 아니라 독수리를 화환에 연결하는 방식, 사용한 금속 재질 등 모든 점이 나빠졌다. 이 휘장은 글라이더 조종사 교육을 수료한 사람에게 휘장 패용(佩用)증, 조종사 자격증과 함께 수여되었다. 대부분 조종복 왼쪽 가슴 주머니 하단에 부착했다.

없었다. 지원자들은 말이나 모터사이클, 보트 등을 탈 수 있는지를 질문받았고, 여러 색실로 뜬 모직물에서 지정해준 색깔의 실 한 줄을 뽑아야 조종하는 데 의학적으로 결격 사유가 없다는 판정을 받았다.

전쟁이 진행되는 과정에서 동조식 기관총이 등장하여 회전하는 프로펠러 날개 사이로 적에게 사격할 수 있게 되자, 이제 갓 탄생한 공군을 선택한 '하늘의 기사' 들은 자신의 군사적 가치를 증명할 수 있게 되었다. 공중전은 일상화되었고, 주변의 모든 시선을 집중시킬 만큼 아찔한 장면은 때때로 죽음으로 이어지기도 했다. 지상에서는 귀청이 떨어질 것 같은 소음 속에, 총탄을 맞은 보병은 누구의 주의도 끌지 못한 채 땅에 쓰러졌으며 포탄에 직격을 당한 병사는 시체의 형체조차 제대로 남아 있지 않은 경우가 허다했다. 저 높은 상공에서는 캔버스와 목재로 만든 기체 속에 항공병들이 갇혀 자신의 죽음을 선포하기라도 하듯 서서히 그리고 어떤 때는 불길에 휩싸여서 추락했다. 이를 지켜본 다른 조종사들은 이 장면을 결코 잊을 수 없었다. 전쟁 말기에 영국 조종사들은 비행기에서 뛰어내릴 경우 상대편 조종사들의 생존률이 더 높다는 사실을 알게 되었다. 독일군 조종사들은 영국이 설계한 낙하산을 사용했는데, 독일군은 이 낙하산을 개조하여 필요할 때 펼 수 있도록 낙하산을 끈으로 비행기 동체에 연결시켰다. 에이스 에른스트 우데트(Ernst Udet: 1회 탈출), 요셉 야콥스(Josef Jacobs: 2회 탈출) 등 많은 독일 조종사들이 비행기에서 탈출하고도 목숨을 건졌다. 그러나 RFC와 그 후신인 영국 공군은 이에 아랑곳하지 않고 조종사들에게 낙하산을 지급하지 않았다. 이런 결정을 내린 데는 낙하산이 기관총만큼이나 무거웠다는 사실이 어느 정도 관련이 있었을지도 모른다.

초기 낙하산 실험

1935년까지 영국은 낙하산 실험을 항공성의 공식적인 감독 하에 진지하게 수행한 적이 없다. 다만 1913년에 비행선에서 뛰어내리는 낙하산 강하 시범이 있었는데, 이때는 제1차 세계대전에서 독일군이 채택한 것과 같은 유형의 낙하산을 사용했다. 또

행진하는 독일 공수부대 이들의 공수복부터가 크게 눈길을 끈다. 이 공수부대원들은 행사 복장의 일부로 검은 가죽장갑을 끼고 있다. 이 장갑은 손목가리개가 길고, 탄력이 있어서 손목과 아래팔에 꼭 맞게 들러붙었다. 여름에는 안감을 대지 않지만 겨울에는 보온을 위해 안감을 댔다.

한 1917년, 런던의 타워브리지 난간에서 오드 리스(Orde Lees) 소령이 실시한 비공식 강하는 낙하산이 불과 46.6미터(153피트) 높이에서도 성공적으로 펴진다는 사실을 입증했다.

　낙하산은 인명 구조용은 물론, 공격용으로도 사용할 수 있었다. 1918년, 유럽에 주둔하던 미국 항공대 사령관 빌리 미첼(Billy Mitchell) 준장은 서부전선의 교착 상태를 타개하기 위해 메츠(Mets)에 있는 독일군 전선 후방에 공수대대를 투입하자고 제안했다. 그러나 연합군 최고사령부는 이 독창적인 작전을 기획하고 그에 따라 부대를 편성하여 장비를 보급하는 데만 적어도 6개월이 걸린다고 결론지었다. 또한 한 번의 비행으로 1개 대대를 실어 나를 수 있을 만큼의 항공기도 없었고 낙하산의 재고도 부족했다. 따라서 이 제안은 기각되었고, 1918년 11월 서부전선에서 휴전협정이 체결되자, 이로써 전쟁은 종결되었다.

제1차 세계대전 이후 독일 항공계

1918년, 항공기는 전쟁의 성격과 수행방식을 바꿔버렸지만(처음에 197명이던 영국 조종사의 수는 휴전협정 시 2만 6,000명으로 늘어나 있었다), 보수적인 군 고위층 인사들은 여전히 그렇지 않다고 믿었다. 예를 들어, 헤이그는 항공기에 대한 자신의 공식 입장을 조금도 바꿀 생각이 없었다. 그는 자신이 직접 초안을 작성해 마지막으로 발송한 보고서에서 항공기에 관한 자신의 생각을 딱 두 문장으로 언급하고 있다. 한 문

왼쪽에서 두 번째 인물은 전 독일 헤비급 권투 챔피언 막스 슈멜링(Max Schmeling)으로, 크레타 섬에서 싸웠던 공수부대원이다. 이 사진은 제2차 세계대전 전에 찍은 것으로, 공수부대 지원병들이 동계 낙하산 강하훈련을 받기 위해 융커스 Ju-52 수송기에 오르고 있는 모습을 담고 있다. 여기 나온 사람들은 왼손에 낙하산 자동 열림줄[引出索]을 잡고 있다. 항공기에 오르려면 양손을 다 사용해야 하기 때문에 공수부대원들은 대개 이 끈을 입에 물고 항공기에 탑승했다. 모든 공수부대원들은 강도 높은 낙하산 포장(사용한 낙하산을 재사용할 수 있도록 다시 접어 넣는 과정 – 옮긴이) 훈련을 하여 자신의 목숨은 자신이 책임졌다.

장은 이렇다. "항공기와 전차는 엄청난 가치를 입증했지만, 그들의 진정한 가치는 보병, 포병, 기병을 보조하는 데 있다." 다른 한 문장은 그가 이렇게 낮은 점수를 준 이유를 서술하고 있다. "3대 주요 병과에 비하면 항공기의 살상력은 아직도 크게 부족하다."

그러나 1919년 6월, 베르사유 조약의 입안자들은 군용기의 잠재력을 인식하여 독일 공군을 해체하고 소속되어 있던 항공기들을 몰수하거나 해체하도록 하는 조항을 조약에 집어넣는다. 더 나아가 독일 내에서는 항공기 및 항공기 엔진 생산을 금지했다. 그러나 이러한 조항으로도 독일의 군용 항공기 개발을 막을 수는 없었다.

제1차 세계대전 후, 독일 전국에 생긴 스포츠클럽들은 조종사가 되려는 꿈을 가진 독일인에게 비행 기술을 가르쳤다. 또한 제국군(Reichwehr, 새로 출범한 바이마르 공화국의 군대로 베르사유 조약에 의해 10만 명만을 보유할 수 있었다)은 독일이 군사적으로 낙후될지도 모른다고 우려하여, 1923년 초에 독일군을 위한 훈련 시설 임대 문제를 소련 붉은 군대와 비밀리에 논의했다. 결국 1925년 4월에 합의서가 체결되자, 독일군은 소련 리페츠크(Lipezk) 비행장에서 훈련을 할 수 있게 되었다. 1926년에 그곳에서는 전투기 조종사 훈련이 실시 중이었고 항공 관측 훈련도 시작되었다. 또한 특별 부대가 신형 항공기와 무기, 장비들을 실험했다.

히틀러, 공군을 부흥시키다

1925년~1933년에 장교 약 120명이 이 소련 비행학교에서 전투기 조종사 과정을 완전히 이수하고 귀국했다. 새로 설립된 루프트한자(Lufthansa) 항공사는 이들 장교들을 민간인 조종사로 채용하여 소련에서 익힌 비행 기술이 녹슬지 않게끔 했다. 또한 이 항공사는 제1차 세계대전 때 조종사로 복무한 숙련된 베테랑 조종사들도 고용했으며, 이들이 소련에서 새로 훈련받은 이들과 조를 이뤄 함께 비행하도록 하여 서로 배울 수 있도록 했다.

국가 사회주의 독일 노동자당(National Sozialistische Deutsche Arbeiterpartei: 약칭

독일 공군 최고사령관인 헤르만 괴링(Hermann Göring)은 뚱뚱하고 대담했으며, 1930년대 중반에 소련 붉은 군대의 공수 시범을 참관한 후 독일군 공수부대 창설에 중추적인 역할을 했다. 공수부대를 정예부대로 변모시킨 사람이 쿠르트 슈투덴트(Kurt Student)였다면, 슈투덴트가 최고의 성과를 끌어내도록 여건을 조성해준 사람은 괴링이었다. 그는 우선 독일 공군을 조직하고 훈련시켜 창설하고, 그 후에는 독일군의 거의 모든 공수부대를 공군 예하에 통합했다.

NSDAP 또는 나치)의 당수인 아돌프 히틀러(Adolf Hitler)는 1933년 1월 독일 총리가 되었다. 그 후 몇 달 만에 독일 내에서 절대 권력을 획득한 그는 독일 전체를 자신의 야망을 이루기 위한 전쟁 도구로 바꿔나가기 시작했다. 같은 해에 그는 항공 분야에 대한 관심을 고취하는 기구로 독일항공스포츠협회(Deutsche Luftsport Verband: DLV)를 창설했다. 이 협회는 회원들—그 대다수가 전직 군인이었다—이 원하는 군대식의 통제된 삶을 살 수 있게 해주었다. 그 결과 1933년 11월 10일 히틀러는 DLV의 독자적인 유니폼과 계급장, 병과장(兵科章) 제정을 허용하기까지 했다. 회원들은 이 조직의 지도 아래 기구 조종, 글라이더 및 동력항공기 조종, 낙하산 강하라는 세 가지

융커스 Ju-52는 독일 공수부대 수송 역량의 근간이었다. 사진에 나온 항공기는 민간 항공사에서 여객기로 사용하던 것이다. 나치 독일에서 총 4,845대가 생산되어 '유스 아줌마(Auntie Jus)', '강철의 애니스(Iron Annies)' 등의 애칭으로 불리며 병사들의 신뢰를 받았다. 자기수뢰(磁氣水雷) 분해, 글라이더 예인, 병력 수송, 물자 수송, 사상자 후송 등 다양한 임무에 투입되었다. Ju-52는 완전무장한 공수부대원 16명을 싣고 시속 305킬로미터 속도로 1,300킬로미터를 비행할 수 있었다.

핵심적인 항공 기술을 익혔다. 1933년, 히틀러는 리페츠크의 훈련시설을 폐쇄하고 DLV에게 그가 비밀스럽게 양성하고 있던 독일 공군의 신병 훈련을 맡겼다.

독일 공군, 날개를 펴다

나치당이 독일을 철권통치하는 동안 히틀러는 국제무대에서 더욱더 자신감을 얻었고, 1935년 2월 26일 결국 독일 공군의 창설을 공식적으로 발표했다. 모든 비밀은 사라졌다. DLV가 해산되자, 그곳에 소속되었던 모든 회원들은 DLV 대신 새로 창설된 국가사회주의 항공대(National Sozialistische Flieger Korps: NSFK)에 가입하라는 권고를 받았다. 이런 식으로 나치당은 전국의 모든 비행클럽을 하나의 준군사조직으로 통제했다. NSFK는 신생 독일 공군과 공조체제를 이뤄 움직였으며 함께 성장해나갔다.

1935년 4월, 리터 폰 그라임(Ritter von Greim) 소령이 지휘하는 독일의 첫 전투비행대인 JG2(Jagdgeschwander 2: 제2전투비행단) '리히트호펜(Richthofen)'이 그 모습을 드러냈다. 이 부대의 전투기들은 1936년 3월 7일 라인란트(Rheinland, 베르사유 조약에 의해 비무장지대로 지정되었던 곳이다) 점령 때 대중들 앞에 처음으로 모습을 드러

Ju-52에 탑승하기 전에 사진 촬영을 위해 포즈를 취한 독일 공수부대원들 공수부대의 초창기에는 이 3발 항공기가 부족했기 때문에, 대원들은 도르니에 Do-23, 하인켈 He-111, 사보이아 마체티 S.M. 81(Ju-52와 비슷하게 생긴 이탈리아제 3발 폭격기) 등 다양한 항공기에서 강하했다. 이들은 공수부대원 특유의 낙하산 멜빵, 가죽장갑, 헬멧, 무릎 보호대를 착용하고 있다.

냈다. 독일 최초의 전투기 조종사 학교(독일 민간조종사 학교)가 슈렐스하임(Schlelss-heim)에 설립됨에 따라 독일 공군과 NSFK의 체계가 완성되었다. 뛰어난 선전술과 기만술 때문에, 외부에는 히틀러가 혼자서 독일 공군과 같이 기술적으로 진보한 군대를 거의 무에서부터 창조해낸 것으로 비춰졌다. 이로써 국제 외교무대에서 히틀러의 존재감은 커졌고, 1936년~1939년 스페인 내전에 참전한 독일 공군은 그의 존재감을 더욱 커지게 했다. 스페인 내전에서 독일 공군은 1937년 4월의 게르니카(Guernica) 공습과 같은 사건을 통해 '공포의 기계(terror machine)'로 불리며 그 이름을 떨쳤다.

앞에서 언급했다시피 대규모 군대를 적지에 투입한다는 아이디어는 이미 제1차 세계대전 때 처음으로 나왔다. 양 대전 사이의 기간에 독일은 공수부대를 비교적 늦게 육성하기 시작했지만 그래도 영국이나 미국, 일본보다는 빨랐다. 공수부대의 잠재력을 제일 먼저 인식한 나라는—이것은 어쩌면 놀라운 일인데—이탈리아였고, 그 다음이 새롭게 등장한 소련이었다. 효율적인 자동 열림줄(static-line) 낙하산 강하방식은 1920년대에 이탈리아에서 처음 개발되었다. 자동 열림줄 낙하산은 낙하산이 항공기 내부에 부착되어 있다가 낙하산병이 항공기를 이탈하는 순간 자동으로 펴지는 낙하산으로 대규모 공수작전에는 필수적이었다. 강하자가 비행기에서 뛰어내린 뒤 방출삭(放出索, rip-cord)을 직접 잡아당겨 낙하산을 펴는 방식은 강하자가 더 높은 고도에서 비행기를 이탈해야 하기 때문에 사망이나 부상 가능성이 높았으며 심각한 병력 분산을 초래했다. 또한 훈련도 더 복잡하고 위험했다.

소련도 1930년 초에 실연(實演)을 통해 공수부대의 잠재력을 입증해 보였으나 그 방법은 대단히 조잡했다. ANT-6 항공기가 최대한 저속으로 비행하는 가운데, 기체 지붕에 뚫린 구멍을 통해 병사들이 나와서는 날개를 따라 조심스레 걸어가 비행기에서 일제히 뛰어내렸고 그 직후 바로 방출삭을 잡아당겼다. 이렇게 하면 대부분의 병력을 분산시키지 않고 강하지대 내에 집중 투하할 수 있었다. 하지만 이것은 너무 위험한 방식이었다. 특히 작전을 수행하기 위해, 항공기가 시속 96킬로미터로 저속 비행할 경우 자칫하면 추락할 위험이 있었다. 그런 속도로는 기습공격이 거의 불가

제2차 세계대전 발발 전, 독일 공수부대의 위용을 보여주는 또 다른 행사 장면이다. 적 후방에 대규모 병력을 낙하산으로 투입한다는 아이디어를 처음으로 구체화한 나라는 소련이었지만, 1930년대 후반까지 완벽한 낙하산 강하 기술을 보유하고 강력한 공수부대를 창설한 것은 독일 공군이었다. 공수부대는 지원자에 한해서만 훈련병을 받았기 때문에 사기가 높고 동기부여가 잘 되어 있었다. 이 병사들은 독일 육군의 표준 개인화기인 7.92밀리미터 게베어(Gewhr) 98 소총을 들고 있다.

능할 뿐만 아니라 항공기가 지상의 대공포화에 그대로 노출되어 심지어 소형화기에 당할 수도 있었다.

독일의 전략가들도 공수부대가 제공할 수 있는 공격의 유연성을 높이 평가했고 과연 '조국'인 독일을 위해 어떤 성취를 이룰 수 있을지 생각하기 시작했다. 아마 그들은 소련 공군 원수인 미할 슈처바코프(Michal Schutscherbakov)가 프랑스-독일 국경에 설치된 마지노선을 시찰하면서 프랑스의 페탱(Petain) 원수에게 미소를 지으며 했던 말을 떠올렸을지도 모른다. "이런 요새가 미래에는 무용지물이 될 수도 있소. 잠재 적국의 공수부대들이 이 위에 강하한다면 말이오."

23

흥미롭게도 이 사진에서 경례를 하면서 부대를 이끄는 독일 공수부대 장교는 오른쪽 가슴에 날개를 일자로 펼친 육군식 독수리 국가문장을 달고 있다. 이 문장으로 보건대 그는 이전에 육군 공수보병대대 소속이었을 것이다. 이 대대는 1939년 1월 1일 독일 공군에 병합되어 제1공수연대 2대대가 되었다.

독일 공군 최고사령관 헤르만 괴링은 1935년과 1936년에 실시된 소련군 기동훈련을 참관하여 1개 연대병력 1,000명이 낙하산으로 목표지역에 강하하고 뒤이어 완전무장 병력 2,500명과 중화기를 실은 수송기들이 착륙해 증원군을 내려놓는 장면을 보았다. 이 두 가지 유형의 공수병들은 강하지점을 점령한 후 기관총과 박격포, 소구경 대포의 지원을 받으며 전통적인 보병 공격을 수행했다.

이 사진의 공수부대원들은 면으로 만든 밝은 녹색, 또는 밝은 회색의 제2종 공군 스목을 입고 있다. 바짓가랑이가 달린 이 옷은 튼튼한 황동 지퍼(초기형은 단추)를 사용해 목에서 가랑이로 연결되는 앞트임을 여몄다. 가랑이에는 똑딱단추가 달려 있어 끝을 여몄다. 사진을 찍고 있는 군인의 모습도 보인다.

낙하산 강하와 공중강습

모든 참관인들은 소련군의 이 공수작전 시연에 큰 감명을 받았다. 영국 육군에서 가장 많은 훈장을 받은 군인이자 제1차 세계대전 참전용사인 아치볼드 웨이블 (Archibald Wavell) 소장은 훈련이 끝나자, 이런 기록을 남겼다. "나 역시 직접 보지 않았다면 이런 일이 가능하리라고 믿지 못했을 것이다." 그러나 웨이블은 공수작전의 전술적 가치에 대한 평가는 보류했다. "경무장에 보급품 수령도 어려운 공수부대원들이 반격해오는 적군, 특히 전차의 공격을 무슨 수로 막는단 말인가?"

그럼에도 불구하고 소련 붉은 군대는 앞으로 대규모 전쟁에 안전히 새로운 차원이 존재하리라는 것을 증명했다. 그 동안 전쟁을 치르는 국가들은 예상되는 위협에

독일 공군의 공수휘장 1936년 11월에 제정된 이 휘장은 스바스티카를 움켜쥐고 하강하는 금색 독수리를 월계수 화환이 감싸고 있는 형태로 되어 있다. 육군용 휘장과 마찬가지로 이 휘장도 낙하산 강하를 6차례 해낸 사람에게만 수여되었다.

대처하기 위해 국경선이나 해안선 등에 지상군을 배치했고, 후방의 핵심지역은 비교적 방어가 허술한 상태로 남겨두었다. 그런데 적의 취약한 후방지역에 강력한 공격을 가할 수 있는 수단이 개발된 것이다. 폭과 종심이라는 차원에 이제 고도라는 차원('수직적 포위' 개념)이 추가된 것이다.

이 시기에 공수병(airborne soldier)은 크게 두 가지 유형으로 나뉘었다. 항공기에서 낙하산으로 뛰어내리는 훈련을 받은 낙하산병(parachute troops)과 항공기에 탑승한 채 강하지대에 착륙한 다음 즉시 항공기에서 내려 전투에 임하는 공중강습병(airlanding troops)이 그것이다. 예를 들면 제2차 세계대전 발발 직전, 독일 공군의 제7공수사단은 병력 대부분이 낙하산병(paratroop)이었다. 반면 육군의 제22보병사단은 항공기를 활용하여 작전을 수행할 수 있는 장비를 갖추고 있었고 그러한 훈련도 받

쿠르트 슈투덴트 1890년생인 슈투덴트 장군(오른쪽)은 제1차 세계대전에 조종사로 참전했고 이후 낙하산 강하에 특별한 관심을 보였다. 그는 비행학교 감찰감을 지내면서 슈텐달(Stendal)에 위치한 공수훈련학교에도 관여했다. 1938년 7월 1일, 당시 소장이던 그는 독일 공군 공수부대 전체의 지휘권을 갖게 되었으며, 슈텐달 공수훈련학교장인 게르하르트 바셍에(Gerhard Bassenge) 소령과 함께 제7공수사단을 창설하는 책임을 맡게 되었다. 그는 창의적인 전술과 뛰어난 장비 그리고 엄격한 훈련으로 이 부대를 독일군의 엘리트 부대로 만들었다. 슈투덴트 장군은 1978년 7월 1일 독일의 렘고(Lemgo)에서 사망했다.

왔다. '공중강습사단'이라는 이름에서 볼 수 있듯이 이 사단에서 낙하산 강하훈련을 받은 병사는 단 한 명도 없었다. 그들은 지상에 착륙한 항공기에서 신속하게 내리는 훈련을 전문적으로 받았다.

전격전과 공수부대 운용

1930년대 후반, 독일군은 전격전(Blitzkrieg)에 필요한 전술과 전략 개념에 부합하는 훈련을 받았고 장비 또한 갖추고 있었다. 이 전격전 이론은 적국 군대를 더욱 쉽고 빠르게 효율적으로 격파하려면 정면으로 공격하기보다는 통신선 또는 보급선을 차단하는 것이 더 낫다는 전제를 근거로 한 것이다. 이 전제를 실행하는 데 필요한 요소는 속도와 충격력이었다.

"지상의 선두 기갑부대가 포병과 급강하폭격기의 지원을 받으며 적의 저항이 비교적 약한 거점을 공격하여 돌파한 뒤 산개한다. 적의 저항이 강한 곳은 우회하고, 도로와 철도 교차로를 공격하여 적의 보급선을 끊고 예비대 진출을 막으며 지휘계통을 무너뜨린다. 선두 기갑부대가 적국의 마을과 도시를 향해 깊숙이 나아가는 동안 후속 부대는 적군을 포위 또는 생포한다. 작전 초기에 적 공군과 비행장에 대규모 기습공격을 가하여 전격전 기간 내내 독일군의 제공권을 확보한다."

공수부대를 보내 선두 기갑부대 진격로상의 핵심지점을 확보한다는 것은 이 전략과 잘 맞아떨어졌다. 공수부대는 핵심지점을 점령하여 아군 지상군이 진격해올 때까지 그것을 확보할 수 있었다. 또한 제2차 세계대전에서 독일 공수부대는 지상군의 지원 없이 섬을 공격하여 점령할 수 있다는 것도 증명했다. 그러나 이러한 공수작전을 펼치려면 특별한 훈련, 장비, 인원은 물론 비전과 추진력을 갖춘 사령관과 초급 지휘관들이 필요했다.

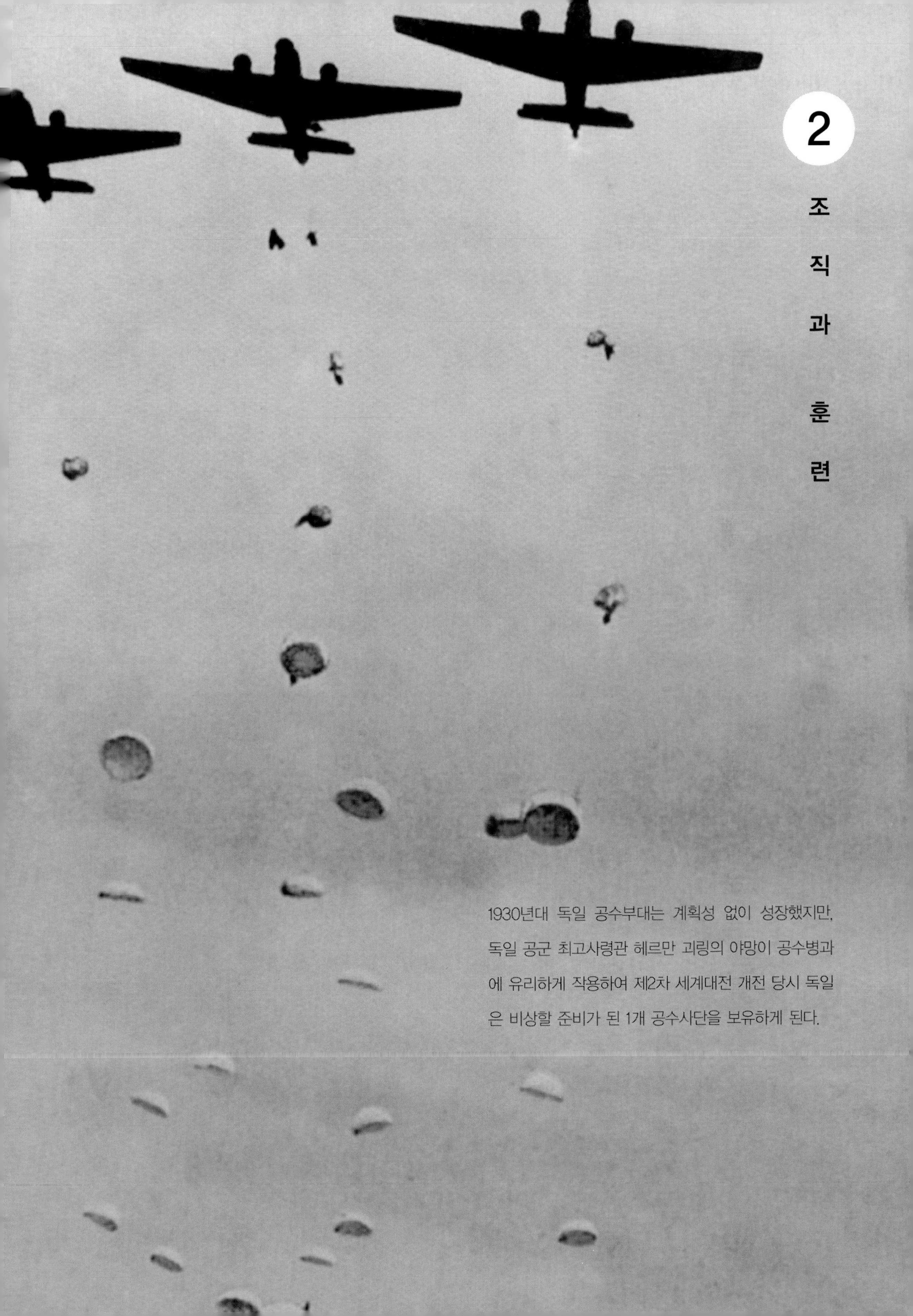

2

1930년대 독일 공수부대는 계획성 없이 성장했지만,
독일 공군 최고사령관 헤르만 괴링의 야망이 공수병과
에 유리하게 작용하여 제2차 세계대전 개전 당시 독일
은 비상할 준비가 된 1개 공수사단을 보유하게 된다.

제2차 세계대전

이전 독일 공수부대는 계획성 없이 성장했지만, 1939년 9월 개전 당시 독일 공군은 아직 전력이 부족하기는 해도 사기와 훈련 면에서 대단히 우수한 공수사단을 갖추게 된다.

1933년 1월에 히틀러가 집권하고 나서 채 한 달도 안 되어 당시 프러시아 내무부 장관이던 헤르만 괴링은 "아직 초기단계인 국가사회주의 운동에 해가 되는 어떠한 저항세력도 제압할 수 있는 능력과 의지, 그리고 총통에 대한 절대적인 헌신을 갖춘" 특별 경찰부대를 창설하라고 지시했다. 이 부대는 프러시아 경찰군의 베케 경정(Polizeimajor Wecke) 예하에 배속되었다. (1930년대에는 나치당 지도자들이 정치유세를 할 때나 전쟁 중일 때 그들을 경호하고 지원하는 경찰대대가 있었다.) 이틀 후, 베케 경정

Ju-52에서 낙하자세를 취한 공수부대 하사 낙하산 강하 구령순서는 다음과 같다. "준비, 고리 걸어, 강하 준비, 강하!" 항공기 문 밖으로 흰색 자동 열림줄이 보이는데, 이것은 이전에 다른 강하자가 강하했다는 증거이다.

은 경찰 간부 14명과 경찰관 400명으로 이루어진 특수경찰대 창설이 완료되었다고 보고했다. 7월 17일, 이 특수경찰대는 정식으로 '주립경찰대 베케 z. b. V.(Landespolizeigruppe Wecke z. b. V: z. b. V는 '특수목적을 위한'이라는 의미를 가진 독일어 zur besonderen Verfügung의 약자이다—옮긴이)'로 바뀌어 독일 최초의 주립 경찰부대가 되었다. 1933년 9월 13일에 괴링은 이 주립경찰대에 특별 주립 경찰기를 수여하면서 이렇게 말했다. "나의 목표는 프러시아 경찰대를 독일 국방군과 맞먹는 강력한 전투부대로 육성하여 언젠가 우리가 외부의 적과 싸워야 할 때 총통 각하께 바치는 것이다."

1933년 12월 22일, 이 경찰대의 이름은 '괴링 장군 주립경찰대(Landespolizei *General Göring*)'로 다시 한 번 바뀌었다. 1933년 6월 6일, 괴링의 프러시아 내무부 보좌관 프리드리히 야코비(Friedrich Jakoby) 소령이 이 부대의 지휘관을 맡게 되었다.

사열을 받고 있는 공수부대 분대 100발의 소총탄을 담을 수 있는 똑딱단추식 탄약포와 자우어 7.65밀리미터 모델 38(H) 권총집이 눈에 띈다.

전시 중 사열에서 기사십자훈장을 달고 있는 공수부대 장군이 경례하고 있다. 그는 목에는 기사십자훈장을, 오른쪽 가슴주머니에는 금장 독일십자훈장을 달고 있다. 군화는 승마용 군화이다. 긴 바지에는 폭이 넓은 흰색 줄무늬와 가두리장식(piping)이 들어가 있다. 이 사진은 적어도 1943년 말 이전에 찍은 것으로 보인다. 그 해에 고급 장교들에게 장식용 줄무늬가 들어간 바지를 입지 말라는 지침이 전달되었기 때문이다.

독일 공수부대의 탄생

괴링 장군 주립경찰대는 초기에 경찰로서의 임무만을 수행했다. 그러나 1935년 3월 ~4월에 괴링은 '괴링 장군 주립경찰대'를 미숙하지만 최초의 공수연대로 개편했다. 같은 해 10월 1일, 이 부대는 신생 독일 공군에 합병되었고, 알텐그라보브(Altengrabow)에서 훈련을 받았다. 창립 때 수여받은 주립 경찰기는 이 부대의 공식 연대기가 되었으며, 새로운 '괴링 장군 슬리브밴드(sleeveband)'를 제정하여 소매 밑에 달았다.

히틀러는 1935년 3월 16일에 징병제를 도입했고, 4월 1일 '괴링 장군 주립경찰대'라는 명칭은 보다 군대에 가까운 명칭인 '괴링 장군 연대(Regiment *General Göring*: RGG)'로 바뀌었다. 연대장 야코비 소령은 9월 23일자로 다음과 같은 괴링

항공기 탑승 팔에 날개가 3개인 멋진 계급장을 붙인 사람은 상사이다. 이러한 신형 계급장 착용과 관련된 지침은 1935년 12월에 하달되었다. 또한 헬멧에 보이는 방패 모양의 대각선 띠는 적색 위에 백색, 백색 위에 흑색이 칠해진 독일 국기(독일 제3제국 국기를 말함—옮긴이)이다. 이 헬멧의 초기형은 이 문장 위에 방청효과(防毒效果, rust preventing)가 있는 무광 회청색 페인트를 칠했다. 헬멧의 좌측면에는 독일 공군용 독수리 휘장과 스바스티카가 은회색으로 그려져 있다.

육군 훈련병들이 낙하산 멜빵 착용법을 익히고 있다. 멜빵에는 두 가지 종류가 있었으나 크게 다르지 않았다. 하나는 두 개의 어깨끈이 병사의 어깨뼈 사이에서 교차하고, 낙하산 팩과 연결되는 D링이 교차점 바로 위에 붙어 있었다. 자동 열림줄은 잘 접어서 낙하산 팩 위에 수직방향으로 집어넣게 되어 있었다. 또 다른 하나는 어깨끈이 달린 어깨받침이 있는 멜빵으로, 자동 열림줄은 낙하산 팩 위에 수평방향으로 집어넣게 되어 있었다.

의 명령을 받았다. "RGG를 1935년 10월 1일부로 공군에 이관한다. 연대에서 지원자를 선발해 공수대대(Fallschirmschutzen Bataillon)를 구성하고, 장차 이것을 독일 공수부대(Fallschirmtruppe)의 기간으로 삼는다."

'괴링 장군 연대'는 엘리트 부대이자 독일군의 다른 부대가 본받아야 할 귀감으로 인정받아 독일 전국에서 퍼레이드를 벌였다. 낙하산 강하 시범이 있은 후―강하자가 부상을 당해 들것에 실려가야 했지만―대대 편성에 충분한 인원인 약 600명의 장병들이 공수 훈련을 받기 위해 자원했다. 1935년 11월에 공군에 합병될 때, '괴링 장군 연대'에 소속된 이 지원자 600명은 첫 독일군 공수대대의 중핵을 이룬다. 그리고 1936년 1월, RGG에서 브루노 브로이어(Bruno Bräuer) 소령의 제1경보병대대와 RGG의 15공병중대는 되버리츠의 훈련장으로 이동해 공수 훈련을 받았고, 연대의

강하 직전의 순간 공수 훈련은 빈틈없고 엄격했다. 강하 중에 노래를 하거나 휘파람을 부는 것도 금지되었다. 자동 열림줄을 고정용 줄에 연결하고 나서 낙하산병은 비행기 문 옆의 손잡이 난간을 밀면서 순식간에 밖으로 몸을 던졌다. 낙하산이 펴지면 낙하산병은 착용한 멜빵 뒤쪽에 연결된 두 줄의 가죽끈에 몸을 맡긴 채 착지할 때까지 몸을 거의 움직이지 못했다.

강하 장면 독일 공수부대에게는 불행하게도, RZ계열 낙하산은 낙하산 줄이 강하자의 등뒤 어깨 위에서 하나로 모이는 형태였다. 낙하산 갓(canopy)과 이렇게 모인 낙하산 줄은 허리끈의 D링과 이어진 V자 모양의 고리줄로 멜빵에 연결되어 있다. 이것은 강하자가 비행기 밖으로 뛰어내릴 때 날개를 편 독수리처럼 수평 자세로 사지를 활짝 펴야 한다는 것을 의미했다. 낙하산의 제동력이 허리에 집중되기 때문에 수직 자세로 강하하다가는 몸이 순식간에 거꾸로 뒤집히며 발목에 낙하산 줄이 엉키게 되기 때문이다. 표준 강하 고도는 121미터였다.

훈련 중 하사관들이 DFS-230 강습 글라이더에서 뛰어내린 뒤 웃으면서 달리고 있다. 군사용으로 강습 글라이더를 처음으로 개발한 나라는 소련이지만 실전에 제일 먼저 투입된 강습 글라이더는 독일의 DFS-230이다. 이 글라이더는 대원들이 무기를 별도의 컨테이너에 적재하지 않고도 강습작전을 수행할 수 있게 하기 위해 개발했다.

이것은 적 방어진지 공격을 훈련하는 모습이다. 상사가 MP-40 기관단총으로 임호사격을 하는 동안, 하사는 콘크리트 담과 철조망 장애물을 넘고 있다. 벨기에의 에벤 에마엘 요새를 공격하기 위해 힐데사임(Hildesheim)에 유새 저체를 실무 크기로 만든 모형을 설치했고 그곳에서 맹훈련을 실시했다.

착지한 공수부대원은 따로 투하한 컨테이너에서 무기와 탄약을 회수해야 했다. 각 공수부대원은 방독면, 권총, 수류탄 4발, 탄입대, 잡낭 2개, 수통 2개를 휴대한 채로 강하했다. 이 사진에는 연속사격을 위해 삼각대 위에 MG-34 기관총을 장착한 2인조 기관총 팀이 보인다. 공수작전의 첫 단계에서 기관총은 강하지대 주위에 방어 화력을 제공했다.

나머지 인원들은 알텐그라보브(Altengrabow)의 훈련장에서 훈련을 받았다.

공수부대 병과의 공식 창설은 공군 감찰관 에르하르트 밀히(Erhard Milch)가 괴링을 대신하여 서명한 1936년 1월 29일자 일일명령서로부터 비롯되었다. 또한 이 문서에는 지원자를 모집하여 베를린에서 서쪽으로 96킬로미터 떨어진 슈텐달 공수훈련학교에서 훈련을 실시하라고 되어 있다. 이 학교는 1936년 1월에 공군 공수부대가 창설되고 몇 달 뒤에 개교했다. 슈텐달 공수훈련학교에는 공군의 현역 및 예비역 장병 모두가 지원할 수 있었다. 1936년 11월 5일, 공군 공수휘장이 제정되었다. 이 휘장은 6번의 강하를 성공리에 마치고 기타 필요한 시험을 통과한 공군장교, 하사

MP-38/40 계열 기관단총은 1938년부터 생산되기 시작했다. 독일 공군은 이 총기를 19만 5,000정이 넘게 지급받았다. 크기가 작아 근접전투 시 다루기가 쉬웠기 때문에 독일 공수부대원들에게 인기 있는 화기였다. 개전 당시 MP-38(MP-40은 1940년부터 지급되었다)은 공수부대에 대원 4명당 1정 꼴로 지급되어 있었다. 그러나 이 사진에서 나타나듯 그 비율은 전쟁이 진행됨에 따라 계속 높아졌다.

관, 병사 모두에게 수여되었다. 독일 공군의 공수병을 상징하는 이 휘장은 왼쪽 가슴 아래쪽에 부착했다. 휘장 부착 자격을 유지하려면 매년 자격시험을 다시 봐야 했다. 1944년 5월 2일자 명령으로 휘장 수여 대상은 1번의 전투 강하를 수행한 의무 · 행정 · 법무요원에게까지 확대되었다. 공군에 편입된 육군 공수부대의 경우 육군 공수휘장을 획득한 공수병은 그 휘장을 계속 부착해야 했다. 무장친위대 예하 제500 · 501 · 502친위공수대대 대원도 낙하산 강하시험에 통과했을 경우 공군 공수휘장을 부착했다.

1930년대 중반, 괴링과 독일 공군만이 공수부대의 잠재력에 관심을 가진 것은 아니었다. OKH(Oberkommando des Heeres: 독일 육군 최고사령부)는 전격전 전략을 성공적으로 수행하기 위해서는 공수부대들의 역할이 중요하다는 사실을 깨닫고(1장 참조), 1936년에 중화기공수보병중대를 창설하여 포츠담 육군대학에서 전술 교관으

1941년에 도입된 후기형 점프 스목을 입은 독일 공수부대원들 얼룩위장무늬 원단으로 만든 이 옷에는 다리를 넣는 가랑이가 없었다. 양쪽 가슴에는 사선방향으로 열린 주머니가 하나씩 있고 허리 바로 아래에는 가로형 주머니가 2개 있다. 모든 주머니에는 천을 덧댄 덮개가 달려 있다. 이 스목의 오른쪽 허리 뒤편에는 조명탄 발사용 권총을 넣을 수 있도록 권총집이 아예 스목의 일부로 부착되어 있다.

로 근무하던 리하르트 하이드리히(Richard Heydrich) 소령이 지휘하게 했다. 이 중대는 1937년 가을에 메클렌부르크(Mecklenburg)에서 실시한 독일군 기동훈련에서 주목할 만한 역할을 수행하여 스타가 되었고, 그 결과 독일군 공수병과의 지위를 강화하는 동력을 제공했다. 이 부대는 1938년 봄에 제2공수대대로 증편되었다. 이들은 중기관총과 박격포로 무장한 화기지원대대와 같은 방식으로 조직되었다. 1937년 9월 1일, 육군 참모총장인 상급대장 베르너 폰 프리츠 남작(Freiherr Werner von Fritsch)은 육군 공수휘장을 제정했다. 이 휘장은 6번의 낙하산 강하를 포함한 공수훈련 과정을 일정한 수준 이상으로 수료한 모든 육군 공수보병대대원들에게 수여되

무거운 케이블 굴림쇠를 짊어진 공수부대원이 통신선을 가설하고 있다. 최초의 공수통신대대는 제7공수사단 소속으로 1940년에 창설되었다. 전쟁이 계속됨에 따라 각 낙하산사단은 자체 통신대대를 보유하게 되었다. 각 통신대대는 379명의 장병으로 구성되며 1개 무선중대, 1개 유선중대, 1개 경통신중대를 보유했다. 1943년 11월 30일에 편성된 제낙하산군은 1개 통신연대를 보유했다. 이 통신연대의 지휘관은 처음에는 쿠르트 하우만(Kurt Haumann) 소령이었다가 에리히 로이베(Erich Leube) 대령으로 바뀌었다.

었다. 일단 자격을 얻으면 연간 최소 6회의 낙하산 강하를 해야만 그 자격을 유지할 수 있었다. 그러나 독자적인 공수부대를 보유하려던 육군의 시도는 괴링이 독일 국방군 소속의 모든 공수부대들을 공군에 통합시키면서 무산되었다(육군의 공수대대는 제1공수연대 2대대가 되었다). 1939년 1월 1일, 이 부대가 공군으로 이관되자 육군 공수휘장 수여는 중단되었다. 그러나 기존 패용자들은 공군의 공수휘장 부착 위치에 육군 휘장을 계속 달 수 있었다. 육군 공수휘장 수여는 1943년 6월 1일에 재개되었으며, 브란덴부르크(Brandenburg) 사단 15경중대(Light Company: 공수중대) 대원 중 강하 능력을 인정받은 자에 한해 이루어졌다. 이 중대급 부대는 나중에 대대 규모로 증편된다.

탄대 급탄식 MG-34 기관총으로 무장한 사진 속의 공수부대원은 왼팔에 두 줄의 V자형 계급장이 있는 것으로 보아 상병이다. 원래 독일의 각 공수사단은 3개 중대로 구성된 1개 기관총대대를 보유하고 있었으나 그 원칙은 전쟁 후반에 무너졌다. 제1공수기관총대대는 1944년에 제1낙하산군단의 군단직할대(Korpstuppe)가 되었으며, 제2공수기관총대대는 1944년 5월에 제2낙하산군단의 군단직할대가 되었다.

발전하는 독일 공수부대

공수부대의 관할권을 놓고 벌어진 육군과 공군 간의 실랑이와는 별개로, 그 역할에 대한 의견 역시 둘로 나뉘어 있었다. 당시 공군은 공수부대를 소규모 부대 단위로 운용하여 적 후방에서 파괴 공작을 수행하게 함으로써 적의 통신선과 사기를 붕괴시키는 방식으로 사용해야 한다고 믿은 반면, 육군은 그들을 대규모로 투입하여 재래식 보병과 거의 유사한 방식으로 사용해야 한다고 주장했다. 결국 양쪽은 자신들의 의견이 타당한지 각자 시험해보게 되었으며, 공수부대가 두 가지 역할을 모두 수행할 수 있다는 사실을 보여준 것은 결국 공수부대원과 교관들의 공로였다.

공군 공수부대 병과 발전의 제2단계는 1938년 7월에 RGG 예하에서 브로이어 대대가 분리되면서 이루어졌다. 이 공수대대는 RGG에서 분리되어 공군 제1공수연대

독일 공수부대원들과 37밀리미터 Pak 35/36 대전차포 이 사진은 공수부대원들이 지상부대처럼 전투하던 1944년에 촬영한 것이다. 이 사진에 나타난 두 가지의 복장 변화는 그들의 새로운 임무를 말해주고 있다. 첫 번째는 징이 박힌 보병용 군화가 성형 고무 밑창이 달린 공수전투화를 대체한 점이고(그러나 앞 여밈식 공수전투화에도 징이 달려 있었다), 두 번째는 캔버스 천으로 만든 공수부대용 방독면 주머니(이것은 낙하산 강하 도중 강하자가 부상당하지 않도록 고안되었다) 대신 금속제 방독면 가방을 매고 있다는 것이다.

공수부대를 위해 설계한 LG40 무반동총 사거리가 6.5킬로미터이며, 비록 포구 뒤로 분출되는 화염 때문에 자신의 위치를 노출시키는 단점이 있기는 했지만 당시 운용되던 대부분의 적 전차를 격파할 수 있었다. 크레타 전투에서 처음 사용된 이 무기는 나중에 구경이 75밀리미터에서 105밀리미터로 커진다. LG40은 후일 105밀리미터 LG42로 교체되며, 이 무반동총의 생산은 1944년에 모두 중단된다.

공수부대의 첫 대전차부대는 1939년에 편성된 제7공수사단 예하 제7대전차중대이다. 1940년에 이 부대의 명칭은 공수대전차대대로 바뀌었고, 1943년 5월에는 제1낙하산사단의 제1낙하산전차대대로 바뀌었다. 1945년 1월에는 몇 개의 낙하산전차구축대대가 창설되었으나 전쟁이 종결될 때까지 큰 활약은 보여주지 못했다.

의 1대대가 되었다. 이 대대는 쿠르트 슈투덴트 소장의 지휘 아래 새롭게 편성되는 제7공수사단의 근간이 될 예정이었다. 슈투덴트 장군은 게르하르트 바셍에(Gerhard Bassenge) 소령과 하인리히 트레트너(Heinrich Trettner) 소령의 탁월한 보좌를 받았다. 그는 제1차 세계대전 초반에는 보병으로, 종반에는 전투기 조종사와 비행대대장으로 복무한 그는 이 임무에 적임자였다. 제1차 세계대전 후, 그는 히틀러가 집권하기 전까지 독일 공군을 비밀리에 재건한 참모 장교들 중 한 사람이었다. 또한 대부분의 동료 장교들과 달리 나치당과 자신의 부하들 모두에게 신뢰받는 인물이기도 했다. 그는 공군장교였지만, 공수부대를 '시시하게' 파괴공작에나 사용하자는 공군의 정책에 반대했기 때문에 육군으로부터도 인정을 받았다. 슈투덴트는 뛰어난 조직력을 가진 지칠 줄 모르는 장교였으며, 전략적 능력을 갖춘 공수부대를 활용한다는 당시로서는 혁신적인 생각을 갖고 있었다.

이후 몇 년 동안 보병대대, 모터사이클대대, 공병중대, 경대공포 부대 등 RGG의 다른 부대들은 강력한 헤르만 괴링 공수기갑사단으로 성장해나갔다. 앞에서도 언급했다시피 육군에서 넘어온 공수대대는 슈투덴트의 제7공수사단 제1공수연대의 2대대가 되었다.

1938년 가을, 독일은 주데텐란트(Sudetenland, 보헤미아와 슐레지엔 사이의 산악지대) 병합에 무력을 동원할 필요가 없었지만, 슈투덴트의 새로운 사단은 일종의 훈련을 위해 그 점령작전에 참가했다. 괴링은 육군의 반대를 머쓱하게 만든 이 결과물에 감명받았고, 하이드리히의 제2공수대대는 공군에 병합되었다.

1939년 1월, 제2공수연대를 편성하라는 명령이 하달되자 하이드리히는 새로운

노획한 프랑스제 샤르 S-35 전차를 사용하여 전차 격파 훈련을 하는 중이다. 경무장한 공수부대에게 전차는 매우 큰 위협이 되었으므로, 그들은 전차를 제압하기 위한 전술과 무기를 연구하는 데 많은 시간을 들였다.

권총으로 벙커를 공격하는 모습을 담은 연출 사진 두 사람은 공군 비행복을 입고 있다. 앞쪽 사람의 계급장에 있는 4개의 날개와 장식줄은 이 사람의 계급이 원사임을 나타내준다. 두 사람 모두 상의에 철십자 훈장 리본을 달고 있는 것으로 보아 전투 경험자임을 알 수 있다.

부대의 연대장에 임명되어 자존심을 지켰다. 이 두 연대는 이듬해 봄에 있을 노르웨이 작전까지 전투가 가능한 상태에 도달해야 했다. 이들은 일반 보병 편제를 따라 조직되었다. 각 연대에는 3개 대대(비록 1940년에 제2연대는 2개 대대밖에 보유하지 못했지만)가 있었고, 각 대대는 4개 중대를 보유했다.

독일 공수부대가 완전히 독일 공군의 통제 하에 있었는데도 그 운용방식을 놓고 육군과 공군은 계속해서 논쟁을 벌였다. 육군은 미국의 미첼 장군이 제1차 세계대전 때 제안한 공수부대 운용방식, 즉 공수부대가 적 후방에 대규모로 강하하여 재래식 보병 공격을 펼쳐야 한다는 의견을 고수했다. 이 때문에 육군은 제22보병사단을 선택하여 공중강습작전을 위한 훈련을 시켰다. 한편 공군은 공수부대를 주요 표적만 공격하여 파괴하는 특수부대로 육성하고자 했다. 이러한 전제 하에서 공군 공수부대 훈련은 공병 기술, 특히 폭파 기술 훈련에 초점이 맞추어졌다.

계속되는 논쟁

육군과 공군, 양군의 공수부대가 통합되면서 각 군은 자신들의 고유한 공수 기술 및 그 적용에 대한 평가서를 독일 국방군 최고사령부(OKW)에 제출했다. 그러나 1938년, 국방군 최고사령부가 양군의 보고서를 평가한 후 내린 지침은 양군의 견해 차이

80밀리미터 그라나트베르퍼(Granatwerfer: GrW) 34 박격포의 포탄을 준비하는 모습 정확히 말하면 여기 나온 포는 아마도 공수부대나 다른 특수부대용으로 개발된 경량형 80밀리미터 그라나트베르퍼 42(kz 80밀리미터 GrW 42)인 것 같다. GrW 34의 포신을 단축한 이 포는 더 작고 가볍지만 사거리는 1,100미터로 줄어들었다. 1944년부터 제1·2·3·4·5·6·7·9·20낙하산사단은 자체의 낙하산박격포대대를 보유했다. 각 대대는 3개 중대를 보유하며, 각 중대는 더 큰 120밀리미터 박격포도 장비하고 있었다. 독일의 120밀리미터 GrW 42 박격포는 소련제 120밀리미터 PM-38 박격포를 본떠 만든 것으로, 1945년 3월까지 8,461문이 생산되었다.

를 좁히는 데 거의 도움이 되지 못했다. 이 지침은 두 가지 유형의 공수작전이 가능하다는 점을 강조했다. 첫 번째는 육군과 합동으로 벌이는 전략적 공지협동임무였다. "공지협동임무의 범위와 실행은 군사적 상황 및 작전의 의도에 따라 달라진다. 공중강습부대와 함께 공군의 다른 부대, 즉 전투기 및 전투폭격기가 전개된다. 이러한 유형의 임무는 육군의 작전과 긴밀한 연계가 이루어져야 한다. 공군은 공중 보급품 투하뿐만 아니라 전투 계획의 수립 및 진행을 책임진다. 육군은 공중강습 제대가 아군 지상군 부대와 연계하는 데 성공한 이후에만 전반적인 작전지휘권을 갖는다." 두 번째는 공군이 자체적으로 추진하는 공수작전이었다. "이것이 의미하는 바는 공군이 공중폭격으로 파괴하거나 큰 피해를 입히기 어렵다고 보는 특정 목표물에 공작부대나 폭파부대를 강하시키는 것이다."

입장의 차이를 좁히려는 논의가 진행되는 동안에도 공수부대의 확장과 병합은 계속 진행되었으며, 그 결과 서로 다른 여러 부대들을 하나의 거대한 조직으로 통합하고 편성할 필요가 생겼다. 1938년 7월 1일, 독일 공군 최고사령부(Oberkommando der Luftwaffe: OKL)는 예하의 낙하산·글라이더·항공수송부대를 통합하여 제7공수사단을 만들라는 지시를 내렸다. 이 새로운 부대의 사령부는 베를린의 템펠호프(Tempelhof)에 자리를 잡았고, 초대 사단장은 슈투덴트 장군이 맡았다.

슈투덴트의 추진력과 독일 공수부대가 최대한 빠르게 증강되고 있다는 사실에도 불구하고, 제2차 세계대전 개전 당시 제7공수사단과 제22사단은 모두 완전히 편제된 상태의 전력에 도달하지 못했다. 이 두 부대의 역할과 임무는 이러했다. "제22사단은 재래식 육군 보병사단으로 예하의 각 연대는 목표지점까지 융커스 Ju-52 수송기로 이동한다. 이들은, 한 번의 이륙으로 5,000명을 수송할 수 있는 제7공수사단 예하 특수작전 항공수송단(Special Operations Air Transport Group)의 항공기를 타고 이동한다. 낙하산부대나 글라이더부대가 이미 점령한 적 후방의 비행장에 제22사단이 항공기를 타고 도착하여 통상적인 보병부대로서 작전한다. 제7공수사단에서 공수훈련을 받은 부대들은 낙하산 또는 글라이더를 사용해 목표지점에 강하한다."

훈련 중인 공수부대 MG-34 기관총 팀 이들은 회록색의 단색 헬멧 커버에 천으로 급조한 띠를 두르고 있다. 7.92밀리미터 탄대를 담은 금속 탄약상자는 컨테이너에 실은 채로 투하하며 강하지대에서 회수해야 했다. MG-34의 무게는 11.42킬로그램이며 분당 900발을 발사할 수 있다. 삼각대를 사용하여 사격할 경우 유효사거리는 3,500미터에 달했다.

독일 공수부대의 훈련

독일 공수부대의 훈련은 강도 높고 혹독했으며 히틀러가 작성한 '독일 공수부대 10계명'에 중점을 두었다. 제1계명은 이렇다. "귀관은 독일군 중에서도 선택받은 전사다. 전투를 위해 모든 고난을 견딜 수 있도록 자신을 단련하라. 전투만이 귀관을 완성시킨다." 다른 계명 중에는 정말로 히틀러다운 것도 있었다. "적의 정규군에 대해서는 기사도 정신을 갖고 전투에 임하라. 그러나 게릴라에게는 자비를 베풀 필요가 없다."

전쟁 전이든 중이든, 공수부대는 모두 지원자로만 충원되었다. 이 때문에 그들은 혹독한 훈련을 견뎌내고 높은 사기를 유지할 수 있었다. 일단 훈련소에 입소하려면

관찰관의 평가를 받으며 실시되는 야전훈련 사진에는 희미하게 나와 있지만 오른쪽 구석에 관찰관들이 있다. 독일 공수부대 지원자였던 하인리히 헤름센(Heinrich Hermsen)은 화기 훈련에 대해 이렇게 썼다. "1942년 7월 20일, 나는 슈텐달 훈련학교에 입교했다. 이틀 후, 전우들과 함께 바이센바르테(Weissenwarthe)의 탕거휘테(Tangerhütte)로 이동해 기초훈련을 받았다. 1942년 10월 초, 나는 98K 소총, P-38 권총, MG-34 기관총 사격훈련을 받은 후 소련에 주둔하고 있던 공수보충훈련연대로 전출되었다."

몸무게가 가벼워야(85킬로그램 이하) 했으며 어지럼증이 있거나 항공병(航空病)이 있어서는 안 되었다. 또한 고소공포증도 없어야 했으므로 15.2미터 높이에서 수면으로 다이빙하는 테스트를 거쳤다. 그 다음에는 항공기에 탑승해 비행 테스트를 받으면서 비행 감각을 익히고 멀미를 하는지 여부를 조사받았다. 입단 과정 내내, 교관들은 지원자들의 용기와 독자적인 판단력, 지력을 살펴보았다.

훈련은 총 8주간 지속되었다. 전반 4주는 지상훈련이며 후반 4주는 공수훈련이었다. 공수훈련 기간에 각 지원자들은 낙하산 강하를 6번 해야 하고, 이것을 마치면 공수휘장을 수여받는다. (초기에 공수부대원들은 권총과 수류탄으로만 무장했고, 다른 무기들은 병사들이 강하할 때 별도의 컨테이너에 실어 투하했다.) 전쟁 중에는 각 연대 훈련학교에서 공수병 자격 훈련을 받는데, 이곳에서 낙하산 강하 기술을 배우고 최종적

이 사진에서는 앞쪽에 있는 공수부대원이 MG-34의 예비총열을 운반하는 통을 등에 매달고 있다. MG-34는 전투 시 250발을 연사한 후에 총열을 갈아주어야 했다. 이 총기는 총구 속도가 755m/s이다.

으로 공수병 자격을 얻게 된다. 그러나 전쟁이 계속되면서 연료와 항공기가 모두 귀해지고 인력 수요가 증가함에 따라 훈련 시간 또한 줄어들었고, 공수병 자격증을 따는 일은 그만큼 어려워졌다. 한 예로 제4낙하산사단장인 하인리히 트레트너 소장은 공수학교에 다니지 못했고, 따라서 공수휘장도 받지 못했다.

1939년~1940년의 유럽 전격전을 통해 독일 공수부대
가 독일 육군의 계획에 중요한 역할을 수행할 수 있다
는 것이 증명되었다. 슈투덴트 휘하에 있는 장병들은
폴란드에서는 활약이 적었지만 스칸디나비아에서 그
진가를 발휘했고, 1940년 5월 히틀러가 네덜란드와
벨기에의 방어선을 돌파하고 영국군과 프랑스군에 맞
서 승리를 얻어내는 데 중추적인 역할을 했다.

1939년 8월 말, 제7공수사단은 아직도 완전한 편제를 갖추지 못하고

있었다. 소총대대와 기타 부대들이 추가되어 사단이 편제를 완전히 갖추게 된 것은 1940년 서부전선 작전이 끝난 뒤였다.

1939년 9월 1일, 독일은 폴란드를 상대로 전격전을 시작했다. 개전 이틀 만에 폴란드 공군은 지상에서 사라졌고, 독일 전차들은 동쪽으로 질주했다. 기습과 빠른 진격 속도로 적을 공포에 사로잡히게 하는 독일의 전격전 전술이 펼쳐지자, 300만 명이나 되는 폴란드군은 괴멸당했고 전사한 독일군은 1만 명에 불과했다. 9월 27일, 바르샤바는 항복했고 마지막까지 싸우던 폴란드군이 전투를 중지한 것은 10월 6일이었다. 비록 공수부대가 공수작전을 몇 번 펼치기는 했지만 독일군의 진격이 너무

제2차 세계대전 초기 서부전역이 끝나갈 무렵, 소총을 메고 있는 발터 코흐(Walter Koch) 대위의 얼굴이 승리의 기쁨으로 상기되어 있다. 1940년 5월 초 벨기에 공격에서 코흐는 공수부대 특수임무대를 이끌고 에벤 에마엘 요새와 알베르(Albert) 운하의 주요 다리들을 점령했다.

에벤 에마엘 요새 공격작전으로 기사십자훈장을 받은 장병들과 포즈를 취한 히틀러 히틀러의 우측에 선 사람이 발터 코흐이며, 코흐의 우측에 있는 사람이 루돌프 비트치히(Rudolf Witzig)이다.

빨라 별 효용이 없었다. 그러나 제1공수연대의 2·3대대는 9월 14일부터 24일까지 폴란드군에 맞서 작지만 격렬한 전투를 벌였다. 또한 제2공수연대의 병력들 역시 폴란드의 두클라(Dukla) 계곡과 데블린(Deblin)에서 싸웠다. 폴란드의 항복과 함께 모든 공수부대원들은 독일의 주둔지로 돌아갔다.

　이후 히틀러의 관심은 노르웨이와 덴마크로 향했다. 독일은 두 가지 경로를 통해 철광석을 수입했는데, 하나는 발트 해, 또 다른 하나는 북부 노르웨이의 나르빅(Narvik) 항구였다. 당시 영국 해군은 후자의 경로를 위협하는 해상봉쇄를 실시하고 있었다. 따라서 독일이 노르웨이를 점령하면 지상에서 출격시킨 항공기로 영국의 해상봉쇄에 반격할 수 있었을 뿐만 아니라 영국 본토에 직접 항공 공격을 가할 수도 있었다. 덴마크와 노르웨이 침공은 대담했지만 무모하진 않았다. 1940년 2월, 노르웨이의 포르네부(Fornebu) 공항에 착륙한 독일 수송기에서 탑승자 30명이 내려 사진을 찍

노르웨이 상공에서 독일 공수부대가 융커스 Ju-52 항공기에서 뛰어내리고 있다. 독일 공군은 덴마크와 노르웨이 작전에서 제공권을 확보하기 위해 폭격기 100대와 전투기 60대 이상의 전력을 투입했다. 대 노르웨이전에서 제76구축전투기비행대는 Bf-110 쌍발전투기 8대를 동원해 공수부대를 지원했다. 공수부대는 오슬로 서쪽의 작은 반도에 위치한 포르네부 비행장을 공격하려 했으나 시계가 좋지 않아 강하를 취소할 수밖에 없었다. 그러나 거의 연료가 떨어져가던 Bf-110 전투기들은 비행장에 착륙하여 후속 공중기동부대(airlanding troops)가 도착할 때까지 기체에 탑재된 기관총으로 적을 제압했다.

1940년 4월, 노르웨이 침공 당시 독일 공수부대원들이 지상으로 강하하고 있나. 노르웨이 심성에 침가인 통수누대는 다음과 같다. 제1공수연대 본부와 1대대(발터 대위) 예하 1중대(슈미트 중위) 및 2중대[그뢰슈케(Gröschke) 대위], 제1공수연대 3중대[폰 브란디스(von Brandis) 중위], 제2공수연대 2대대[피트촌카(Pietzonka) 대위].

1940년 5월, 독일 공수부대가 나르빅 외곽에 강하하고 있다. 제1공수연대의 1·2·3·4중대와 함께 제3산악사단 제137연대 병력 200명도 낙하산으로 강하했는데, 이들은 비트슈톡(Wittstock) 공수학교에서 속성으로 공수 훈련 과정을 이수했다. 노르웨이 작전에 참가한 산악병들 중에는 1940년 11월 28일 공군으로 전속하여 종전 시 제2낙하산군단장을 지낸 오이겐 마인들 (Eugen Meindl)도 있었다.

고 주변을 스케치하고 메모를 한 사건이야말로 무모했다고 할 수 있을 것이다. 이 사건은 이른바 알트마르크(Altmark) 사건(영국 전함이 노르웨이의 중립을 무시하고 영국 군 포로를 실은 독일 선박을 나포한 사건)에 묻혀 큰 주목을 받진 못했으나, 이때 얻은 정보는 훗날 유용하게 사용된다.

　두 나라에 대한 침공은 1940년 4월 9일에 시작되었다. 이 침공의 주안점은 강력 한 초기 공격으로 적의 저항을 압도하고 비행장과 항구를 공격하여 이들 두 나라에 대한 연합군의 지원을 차단하는 데 있었다. 이 작전 전반에 걸쳐 독일 육해공군은 뛰어난 합동작전 능력을 보여주었지만, 흥미롭게도 그것은 병력 집중의 원칙을 깨 뜨리면서 독일군이 각개 격파당할 수 있는 사태를 초래했다(물론 그런 일은 연합군이

1939년 1월 1일, 제1공수연대 2대대장이던 프리츠 프라거(Fritz Prager) 소령 볼라 굴로스카(Wola Gulowska) 비행장을 점령한 그의 대대는 폴란드에서 실전을 경험한 몇 안 되는 공수부대 중 하나였다. 1940년 4월 30일, 그는 사타구니에 수술을 받고서도 대 네덜란드 작전에서 부하들과 함께 강하했고, 이어서 부하들을 이끌고 뫼르딕(Moerdijk) 다리를 점령했으나 큰 부상을 입었다. 그럼에도 불구하고 그는 제9기갑사단이 도착할 때까지 다리를 지켜냈고 1940년 5월 24일에 기사십자훈장을 받는다. 그는 이 부상에서 다 회복되기도 전에 나르빅 근교에 있던 독일군을 지원하는 작전에 참가했고, 1940년 6월 19일에는 소령으로 산입어어 세3공수연네 2네대징을 밑었다. 1040년 12일 3일에 나만했다.

1940년 5월에 제1공수연대 2대대원들이 뫼르딕 구역에서 펼친 활약을 기념하는 비석 다리를 지켜낸 공수부대의 활약은 작전에 필수적인 것이었고, 슈투덴트 장군은 종전 이후에 이렇게 말했다. "전력이 충분하지 않았기 때문에 우리는 침공작전의 성공에 반드시 필요한 단 두 개의 목표에만 집중하기로 했다. 내가 직접 지휘한 주공부대는 로테르담과 도르트레히트, 뫼르딕의 교량으로 향했는데, 남쪽에서 올라오는 주요 도로들은 이들 교량을 통해 라인 강 어귀를 지날 수 있었다. 우리의 임무는 네덜란드인들이 다리를 폭파하기 전에 아군의 도하를 위해 그것을 확보하는 것이었다."

신속하게 대응할 경우에만 벌어질 수 있었다). 덴마크 공군기지와 해안을 확보하면 노르웨이를 쉽게 점령할 수 있었기 때문에 덴마크와 노르웨이 침공은 동시에 추진해야 했다.

독일 공수부대의 첫 전투 강하

이 전쟁의 첫 공수작전은 에리히 발터(Erich Walther) 소령이 이끄는 제1공수연대 1대대가 수행했다. 덴마크에서 목표는 손쉽게 달성했다. 발터 게리케(Walter Gericke) 대위의 제4중대는 코펜하겐(Copenhagen)과 페리 선착장을 연결하는 보르딩보르(Vordingborg) 다리에 1개 소대를 제외한 전원이 강하했으며, 여기에서 빠진 1개 소대는 올보르(Aalborg)의 비행장 두 곳에 강하하여 그곳을 무혈점령했다. 다음날 덴마크는 항복했다. 그러나 노르웨이에 강하한 독일 공수부대원들에게는 일이 그만큼 잘 풀리지 않았다.

제2중대는 오슬로 근교의 포르네부(Fornebu) 비행장을 점령하여 제163보병사단이 착륙할 때까지 방어하는 임무를, 폰 브란디스(von Brandis) 중위가 이끄는 제3중대는 스타방게르(Stavanger)의 솔라(Sola) 비행장을 확보하는 임무를 맡았다. 포르네부에서는 안개가 짙게 끼어 목표 확인이 곤란했고, 공수부대는 강하를 취소해야 했다. 공중강습부대들을 실은 항공기가 접근하자, 안개는 빠르게 걷혔고 부대들은 무사히 착륙할 수 있었다. 그들은 큰 희생을 치렀으나 목표를 완수했다. 솔라 비행장에서는 공수부대원들이 성공적으로 목표 근처에 강하했다. 적의 저항이 있었지만 전투폭격기의 지원을 받은 공수부대원들은 비행장을 지켜냈고, 공수작전이 시작된 지 20분 만에 보병사단을 태운 Ju-52가 착륙할 수 있었다. 노르웨이 전역(戰役)에서 가장 희생이 컸던 공수부대 작전에 투입된 부대는 오슬로에서 북쪽으로 144킬로미터 떨어진 곳에 강하한 헤르베르트 슈미트(Herbert Schmidt) 중위의 제1중대였다. 이들은 노르웨이군의 강력한 방어거점에 강하했고 엄청나 수의 전사자를 냈다. 그 중에는 슈미트 중대장도 포함되어 있었다. 공수부대는 악천후 속에서 포위당한 채 싸

네덜란드 상공에서 화염에 휩싸인 Ju-52 폰 슈포네크 장군은 이펜부르흐(Ypenburg)에 강하할 예정이었으나 적의 강력한 대공포화 때문에 오켄부르흐(Ockenburg)로 날아갔다. 이 두 비행장을 장악할 예정이었던 공수부대는 목표지점에서 남쪽으로 너무 멀리 떨어진 곳에 강하했고, 결국 수송기를 타고 착륙한 부대가 적과 첫 교전을 벌이게 되었다. 오켄부르흐에서 항공기가 파괴되면서 후속 부대는 목표지점에서 떨어진 곳에 강하했고 상당한 거리를 행군한 후에 적과 싸워야 했다.

로테르담 북부에 추락한 Ju-52 위에 네덜란드 병사들이 서 있다. 폰 슈포네크의 제22공중강습사단은 네덜란드에서 고난의 시간을 보냈다. 그 예로 제47보병연대의 병력을 싣고 있던 Ju-52는 적의 맹렬한 포화를 받으며 발켄부르흐(Valkenburg)에 착륙했으나, 사진에서와 같이 착륙장치가 진흙 속에 처박혀버렸다.

우다가 4일 후 탄약이 다 떨어지자 항복할 수밖에 없었다.

이러한 패배에도 불구하고 노르웨이 전격전은 놀라운 성공을 거두었고, 5월 5일 니콜라우스 폰 팔켄호르스트(Nikolaus von Falkenhorst) 장군이 이끄는 독일군은 남부 노르웨이 전체를 장악했다. 프랑스군과 영국군이 남소스(Namsos), 안달스네스(Andalsnes), 나르빅에 상륙하기는 했지만, 1940년 5월 10일, 독일이 프랑스와 저지대 국가들을 공격하기 시작했기 때문에 연합군의 노르웨이 파병은 분수를 모르는 사치가 되고 말았다. 노르웨이에서 마지막 공수작전은 제1공수연대 예하의 1개 대대가 수행했다. 이들은 나르빅에서 포위된 디틀(Dietl) 장군 부대를 지원하기 위해 강하했다. 며칠 후 속성으로 공수 훈련을 받은 제3산악사단 제137연대가 나르빅 근교에 강하했다. 많은 부대원들이 강하 도중 부상을 당했고 강하지점도 너무 넓게 퍼져 있었지만, 놀랍게도 대부분의 병력이 나르빅의 독일군과 합류하는 데 성공했다. 5월 말, 디틀은 나르빅에서 철수했으나 6월 7일~9일에는 연합군 역시 나르빅에서 철수했다. 이로써 6월 9일 노르웨이에서 연합군의 조직적인 저항은 모두 끝났다. 독일군은 한 번의 출정으로 300만 인구를 가진 나라를 두 달 만에 점령했다. 이 작전으로 소규모 낙하산 특수임무부대가 비행장을 장악하면 대규모 병력이 항공기를 타고 착륙할 수 있다는 것이 명백하게 입증되었다.

1940년 5월 서부전역에서 독일 공수부대가 가장 큰 성공을 거두었다는 데는 거의 이론의 여지가 없다. 탁월하게 운용된 단 1개의 사단(제7공수사단)이 독일군의 승리에 아주 큰 역할을 했다. 실제로 히틀러의 육군 전력은 적보다 약했으며, 전차의 수와 성능도 한 수 아래였다. 그가 전력의 우위를 확보한 곳은 공중뿐이었다. 그러나 이 작전은 그의 군대가 작전을 위해 준비한 130개 사단 중 극히 일부인 10개 기갑사단과 1개 공수사단, 1개 공중강습사단만으로 결판이 났다. 독일군의 공격에서 가장 중요한 부분은 네덜란드와 벨기에의 핵심 방어거점을 공격함으로써 연합군의 관심을 아르덴 삼림지대를 통과하는 독일군의 주공에서 멀어지게 하는 것이었다. 독일군이 조공을 통해 영국과 프랑스의 지원 병력을 벨기에로 확실하게 유인하려면 벨기에와 네덜란드의 방어선을 점령해야 했다. 슈투덴트가 이를 위해 쓸 수 있는 병력이라고는 훈련된 공수부대원 4,500명밖에는 없었다. 이들 중 4,000명은 네덜란드에, 나머지는 벨기에에 투입되었다. 벨기에군 방어선의 급소는 알베르 운하의 다리들과 에벤 에마엘 요새였다. 에벤 에마엘 요새는 철근 콘크리트로 건설되었으며 요새의 포대가 벨기에 전 지역을 사정권 안에 두고 있었다. 슈투덴트는 대 네덜란드 작전에 자신의 제7공수사단과, 육군소장 폰 슈포네크 백작(Graf von Sponeck)이 이끄는 제22공중강습사단의 주력을 투입했다. 네덜란드의 방어선은 3중으로 되어 있었는데, 일단 국경에는 부분적으로 요새화된 저지선이, 그 다음에는 주로 천연 장애

이펜부르흐 근교에서 격추당한 Ju-52 제65연대의 강습중대를 수송하던 Ju-52 13대 중 11대가 대공포화에 격추당했다. 슈투덴트는 그의 병력 4,000명을 4개 진으로 나누어 네덜란드에 투입했다. 제1진은 제1공수연대 본부와 1개 통신분대로 트위데 톨(Tweede Tol) 구역에 강하했다. 제2진은 제1공수연대 1대대로 도르트레히트 다리를 점령하기 위해 강하했다. 제3진은 제1공수연대의 2대대로서 뫼르딕의 다리 두 곳을 점령하기 위해 강하했다. 제4진의 구성은 다음과 같았다. 제1공수연대 3대대는 발하벤(Waalhaven) 비행장에 강하, 제7돌격포대대는 우선 발하벤에, 그 후에는 뫼르딕 및 도르트레히트에 수송기로 착륙, 제7의무중대는 발하벤에 이어 로테르담 근교에 착륙, 제2공수연대 1대대는 이펜부르흐와 오켄부르흐, 발켄부르흐 비행장에 강하, 제2공수연대 3중대는 헤이그에 강하, 제2공수연대 2대대는 발하벤에 강하, 마지막으로 제2공수연대 6중대는 발켄부르흐 비행장에 강하해 카트비크(Katwijk)에서 전투를 수행했다.

물을 활용한 그라베-펠(Grabbe-Peel) 방어선이, 마지막으로는 하구, 강, 침수 지대를 이용하고 있는 '네덜란드 요새(Fortress Holland)'—로테르담, 암스테르담(Amsterdam), 유트레흐트(Utrecht), 헤이그(Hague)—가 구축되어 있었다.

실전에서 대규모 공수작전이 실행된 사례가 단 한 번도 없었다는 점을 분명하게 인식하고 있던 슈투덴트는 육군의 지상 공격을 직접 지원하는 데 휘하 장병들을 투입하여 위험을 최소화하려는 유혹에 빠지기도 했다. 그러나 그가 실제로 제안한 작전은 대단히 급진적인 것으로, 그 내용은 자신의 공수 병력을 '네덜란드 요새'와 정부 핵심기관들을 파괴하는 데 투입하여 네덜란드의 전쟁수행 의지를 꺾어놓겠다는 것이었다. 독일공군 총참모장 예쇼넥(Jeschonnek)은 이 계획에 반대했으나, 히틀러는 기뻐하며 그것을 승인했다.

슈투덴트의 계획

대 네덜란드 작전은 두 가지 요소로 구성되었다. 첫째는 공수부대가 발켄부르흐(Valkenburg), 오켄부르흐(Ockenburg), 이펜부르흐(Ypenburg)의 비행장들을 점령한 후, 그곳에 폰 슈포네크의 사단이 착륙하면 2개 보병연대가 헤이그에 진격하여 네덜란드 정부 요인들과 왕족을 포로로 잡거나 최소한 네덜란드의 방어 계획을 혼란에 빠뜨리는 것이었고, 둘째는 슈투덴트의 사단이 로테르담 남쪽에 낙하산으로 강하하여 '네덜란드 요새' 남쪽을 보호하는 하천들의 도하점을 점령하고, 예비대로 1개 보병연대가 발하벤(Waalhaven)을 공중강습하는 것이었다.

서부전선 작전은 5월 10일에 시작되었고, 공수부대는 강하한 지역 어디에서나 조국을 지키겠다는 결의를 굳게 다진 네덜란드군의 맹렬한 저항에 부딪쳤다. 그러나 잘 훈련된 슈투덴트의 병사들은 한곳을 제외한 모든 목표지점을 점령했고, 발하벤에 강하한 부대도 다리를 손상시키지 않고서 점령했다. 로테르담 축구 구장에 강하한 공수부대는 전진하여 뮈즈(Meuse) 강 다리를 점령했다. 독일군은 두르트레히트(Dordrecht)와 뫼르딕(Moerdijk) 다리도 온전한 상태로 점령했으며 거센 반격 속에서도 그것을 지켜냈다. 이틀 후, 게오르크 폰 퀴흘러(Georg von Küchler) 장군이 지휘하는 제18군에 소속된 선도 기갑부대가 뫼르딕 다리에 당도하자, '네덜란드 요새'는 붕괴되었다.

그에 비하면 폰 슈포네크의 제22사단은 로테르담 북부에서 고전을 면치 못했다. 슈포네크 장군은 3개 비행장을 간신히 점령하기도 쉽지 않을 만큼의 공수병력을 보유하고 있었으며, 공수병들이 강하한 후 보병들을 태운 Ju-52가 착륙하는 데까지 불과 15분이라는 시간 여유밖에 없었다. 작전은 처음부터 틀어졌다. 조종사들은 마치 천 조각을 이어 맞춘 것 같은 평지 위에서 조종사들은 강하지점을 혼동했고 공수병들을 대단히 넓은 지역에 산개시켰다. 이 때문에 발켄부르흐에 착륙한 Ju-52들은 적에게 맹공격을 당했고, 바퀴가 부드러운 모래에 파묻히면서 작동도 불가능하게 되었다. 결국 후속 부대도 되돌아가야 했다. 이펜부르흐에서는 제65연대의 병력을 싣고 가던 Ju-52 13대 중 11대가 대공포화에 격추당했다. 오켄부르흐에서도 사정은 비

에벤 에마엘 요새 공격 5월 11일 아침, 공병들이 작은 배를 타고 요새 정면의 수로를 건너고 있다. 공격 준비는 철저히 이루어졌다. 코흐의 특수임무대는 1939년 11월에 편성된 후 외부세계와는 완전히 격리된 채 이 요새에 대한 공격을 준비했다.

알베르 운하는 벨기에 방어체계의 한 축이었고, 에벤 에마엘 요새 정면에 있는 수로를 침수시키는 데 이용되었다. 이러한 방어체계를 무너뜨리기 위해 코흐의 특수임무대는 다음과 같이 구성되었다. 그라니트 그룹(비트치히 중위)-11대의 글라이더에 탑승한 공수부대원 85명으로 에벤 에마엘 요새 공략, 아이젠(Eisen) 그룹[쉐흐터(Schächter) 소위]-10대의 글라이더에 탑승한 공수부대원 90명으로 칸느(Cannes) 다리 공략, 베톤(Beton) 그룹[샤흐트(Schacht) 중위]-11대의 글라이더에 탑승한 공수부대원 122명으로 브뢴호벤(Vroenhoven) 다리 공략, 슈탈(Stahl) 그룹[알트만(Altmann) 중위]-10대의 글라이더에 탑승한 공수부대원 92명으로 벨트베젤트(Veldvezelt) 다리 공략.

슷했고, 박살난 항공기의 잔해가 사방에 널려 있었다. 그럼에도 불구하고 네덜란드 군의 사기를 약화시키기에는 충분한 병력이 강하한 상태였고, 이들은 5월 14일 네덜란드를 항복시키는 데 기여했다.

독일 제6군이 방해받지 않고 벨기에로 진격하려면 에벤 에마엘 요새와 알베르 운하의 다리들을 반드시 점령해야 했다. 슈투덴트는 훗날 이렇게 기록했다.

"알베르 운하 공략 작전이라는 모험은 히틀러의 생각이었다. 나는 코흐 대위 휘하의 병사 500명을 투입했다. 제6군 사령관 폰 라이헤나우(von Reichenau) 장군과

파괴당한 에벤 에마엘 요새의 포대 비트치히의 글라이더 공수부대원들이 공격을 시작한 지 10분 만에 요새의 시설물 9개소를 성공적으로 파괴했다. 독일 공수부대는 소화기와 폭약, 화염방사기를 적절히 조합하여 사용하고 뛰어난 용맹을 발휘하여 방어군을 압도했다.

에벤 에마엘에서 불을 뿜고 있는 공수부대의 화염방사기 비트치히의 병사들은 5월 10일 저녁까지 자신들의 진지를 강화했고, 다음날 아침 07:00시에 제51공병대대의 선봉소대와 연계하는 데도 성공했다. 결국 벨기에의 수비대는 항복하고 말았다.

에벤 에마엘 요새를 점령한 후 사진 촬영 중인 공수부대원들 공수부대는 브린호벤 및 벨트베젤트의 다리를 온전한 상태로 점령하여 5월 10일 오후 독일 보병과 임무를 교대할 때까지 성공적으로 방어했다. 칸느에서는 벨기에군이 다리를 폭파하는 데 성공했고, 공수부대원들은 5월 10일 내내 맹렬한 적의 공격에 맞서 싸웠다. 정장을 입은 사람은 브란덴부르크 연대의 병사로 독일군의 주공이 시작되기 전 핵심 거점을 공격하는 임무를 맡은 특수부대 요원이다.

그의 참모장 파울루스(Paulus) 장군은 모두 유능한 인물들이었는데, 이들은 이 작전을 불확실한 모험으로 간주했다."

에벤 에마엘 요새에 낙하산 강하를 실시하는 방안은 공간이 부족하고 일부 대원들이 강하지대를 찾지 못할 수도 있다는 점 때문에 기각되었고, 대신 글라이더를 사용하게 되었다. 요새와 다리들에 대한 공격은 계획에서 실행 단계까지 극도의 보안이 유지되었다.

임무는 발터 코흐 대위가 맡게 되었다. 그는 자신의 제1공수연대 1대대를 비롯해 루돌프 비트치히 중위가 지휘하는 2대대 소속 전투공병중대 인원을 가지고서 공수 특수임무부대를 구성했다. '그라니트 그룹(Granit Group)'이 요새 공격임무를 맡았다. 이 그룹은 장교 2명과 병사 83명으로 구성되었고, 이 병사들 중 11명은 글라이더 조종사였다. 1940년 5월 10일 04:30시, 그라니트 그룹의 글라이더 11대와 견인용 Ju-52들이 쾰른 외곽의 비행장 두 곳에서 이륙했다. 이 글라이더들은 독일 영공에서 견인기와 분리되어 목표로 향했다. 에벤 에마엘 요새에 정확히 도착한 글라이더는 9대였으며, 비트치히의 탑승기를 포함한 글라이더 2대는 이륙 직후 비행을 취소하고 독일로 돌아갔다. 나중에 비트치히는 후속 글라이더 견인 비행대와 함께 요새에 도착했다.

에벤 에마엘의 성공

벨기에군은 독일 공수부대가 성형작약탄으로 포대를 폭파했을 때 완벽하게 기습을 당했다. 공수부대원들은 포대의 콘크리트 사이로 진격하며 포를 파괴하고 수비대를 제압했다.

그 동안 브뢴호벤(Vroenhoven), 칸느(Cannes), 벨트베젤트(Veldvezelt)에 낙하산으로 강하한 공수부대는 비교적 적은 손실을 입고 다리를 지켜냄으로써 벨기에 방어선에 구멍을 내고 제6군의 진격로를 확보했다. 이러한 벨기에 방어선 돌파는 서부전선에서 독일군의 결정타는 아니었지만 치명적인 효과를 나타냈다. 즉 연합군의 관심이 그쪽에 쏠리면서 대부분의 연합군 기동부대가 벨기에로 유인당해 남쪽의 더 큰 위협에 대처할 수 없게 된 것이다.

공수부대에게 이 작전은 그들의 탁월한 군사교리와 강도 높은 훈련을 증명하는 기회가 되었다. 특히 공수부대가 운용된 곳에서만 방어군들이 하천의 다리를 폭파하지 못했던 벨기에의 경우 더욱더 그랬다. 그러나 이 전역(戰役)에는 씁쓸한 후일담이 남아 있다. 슈투덴트 장군과 그의 참모들은 점령된 발하벤 비행장으로 이동했다가 5월 14일에는 로테르담으로 갔다. 그날 그는 네덜란드와 평화협상에 임했고, 결국 그날 중으로 네덜란드는 항복하고 만다. 바로 이 협상을 진행하던 중에 슈투덴트는 머리에 심각하지 않은 총상을 입게 되는데, 그것은 무장친위대 '라이프스탄다

히틀러가 공수부대원들의 에벤 에마엘 요새 점령을 축하하고 있다. 이 공격에 참가해 기사십자훈장을 받은 루돌프 비트치히는 승리의 이유를 다음과 같이 말했다. "비록 적이 우리의 공격을 예상하지 못한 것은 확실하지만, 우리가 전술적이고도 기술적인 기습을 달성하지 못했다면 핵심적인 지상 시설물들을 파괴할 수 없었을 것이고, 또한 가능한 많은 포좌와 포병 관측소 등을 파괴했기 때문에 적이 전반적인 상황을 파악하기가 어려웠다." 덧붙여 그는 벨기에군의 심리 상태에 대해서 다음과 같은 말도 했다. "벨기에는 정치적 중립노선 때문에 약화되었다. 벨기에군은 준비가 부족했고 우수한 지휘관도 없어 제대로 싸우지도 못했다. 그들 대부분은 전투의지가 없었다."

르테 아돌프 히틀러(Leibstandarte Adolf Hitler)' 소속 부대가 협상장을 지나다가 총격을 가하면서 벌어진 일이었다. 당시 친위대는 네덜란드가 항복했다는 사실을 알지 못했기 때문에 로테르담으로 돌진하면서 아무에게나 총격을 가했다. 그리고 네덜란드가 정식으로 항복문서에 서명한 뒤에도 로테르담은 독일 공군의 공습을 당했는데, 이것은 지상군과 공군 간의 통신이 제대로 이루어지지 않아 벌어진 일이었다. 그럼에도 불구하고 서부전선 전역은 '히틀러가 아낀 하늘의 전사들'에게 빛나는 성공으로 남았다.

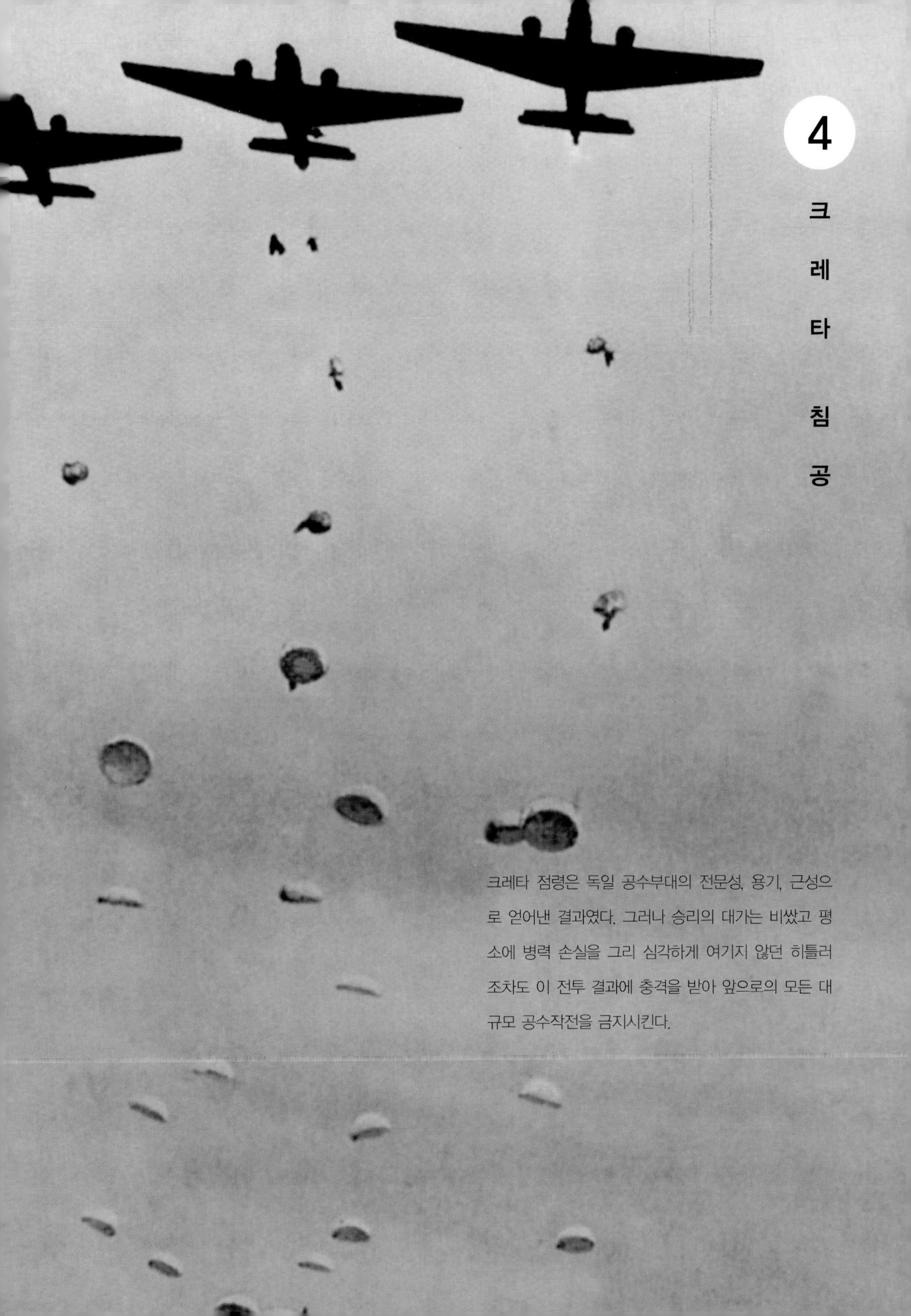

4

크
레
타
침
공

크레타 점령은 독일 공수부대의 전문성, 용기, 근성으로 얻어낸 결과였다. 그러나 승리의 대가는 비쌌고 평소에 병력 손실을 그리 심각하게 여기지 않던 히틀러조차도 이 전투 결과에 충격을 받아 앞으로의 모든 대규모 공수작전을 금지시킨다.

서부전선

작전의 성공적인 종결 이후 총통은 관심을 동부로 돌려 소련을 침공하려고 했다. 그렇게 하려면 우선 독일의 남쪽을 평정해야 했다. 헝가리와 루마니아는 독일의 위성국인 상태였다. 히틀러는 강력한 정치적 압력을 가해 유고슬라비아를 추축국에 편입시키는 데 성공했다. 그러나 그리스에 영국군 5만 7,000명이 배치되자, 여기에 자극을 받은 항독 쿠데타가 1941년 3월 말 유고슬라비아에서 일어났고, 이에 총통은 발칸 전역을 추진할 수밖에 없었다. 그것은 공수부대에게 가장 크고 기념비적인 작전이 될 예정이었다. 그러나 그 전에 그들은 보다 작은 다른 작전들을 완벽하게 성공시켜야 했다.

독일은 1941년 4월 6일에 유고슬라비아와 그리스를 침공했고 다시 한 번 전격전

크레타 전투가 끝난 후 공수부대원이 '메르쿠르(Merkur)' 작전에서 함께 싸웠던 링겔(Ringel)의 제5산악사단 병사와 전투에 대해 이야기하고 있다. 산악사단 병사의 팔소매에 달린 에델바이스 휘장은 그가 산악전 훈련 과정을 이수한 산악병임을 알려준다.

크레타 침공 당시 공수부대를 강하시키는 Ju-52들 낙하산 4개가 한데 묶여서 떨어지고 있는 것을 볼 수 있다. 그것은 중장비가 매달려 있다는 것을 뜻하며, 모터사이클이나 야포 등을 이런 식으로 투하했다.

을 펼쳐 모든 것을 휩쓸어버렸다. 그리스에서 독일군은 3개 제대로 나뉘어 진격했다. 첫 번째 제대는 라리사(Larissa)에서 출발했고, 두 번째 제대는 테베(Thebes)를 지나 엘렌시아(Elensia)와 아테네(Athens)로 향했다. 세 번째 제대는 라리사와 아르타(Arta)를 출발해 레판토(Lepanto)로 향했다. 그리스군의 저항은 모두 격퇴되었으며 메이틀랜드 윌슨(Maitland Wilson) 장군이 이끄는 영국군은 코린트(Corinth) 지협을 거쳐 펠로폰네소스(Peloponnesus) 반도로 퇴각했다. 코린트 지협은 깊고도 가파른 운하로 끊어져 있었다. 독일은 지상군의 횡단을 지원하는 교두보를 건설하고 영국군의 퇴각을 막기 위해 이곳을 점령한다는 결정을 내렸다.

이 작전에 동원된 공수부대는 제2공수연대의 2개 대대로, 여기에 1개 공수공병소대, 1개 공수포병중대, 1개 공수의무중대가 증파되어 있었다. 4월 25일, 400대가

1941년 4월 26일, 코린트 운하에 강하하는 독일군 이 임무에 참가한 부대는 제2공수연대 1대대[지휘관 크로(Kroh) 대위], 제2공수연대의 2대대[지휘관 피트촌카 대위], 제2공수연대 13·14중대, 1개 공병분대, 제7포병중대, 제7공수의무대대 1중대, 제7공중강습중대(글라이더 사용)였다. 2개 메서슈미트(Messerschmitt) Bf-110 비행대가 이 강하를 지원했으나, 목표에 접근하던 Ju-52들은 운하의 양쪽 제방으로부터 맹렬한 대공포화를 받았다.

코린트에서 연합군과 교전 중인 공수부대 2,000명 이상의 영국군과 그리스군이 이 작전에서 포로가 되었지만, 강하가 너무 늦어 영국 원정군의 철수를 막기에는 역부족이었다.

넘는 Ju-52와 무수히 많은 글라이더들이 불가리아의 플로프디프(Plovdiv)에서 라리사 비행장으로 이동했다. 강하는 4월 26일 07:00시로 예정되어 있었다.

항공기들은 핀도스(Pindus) 산맥 상공으로 날아올라 코린트 만 상공 45.7미터 높이까지 강하했지만, 안개가 짙어 방향을 잡기가 어려웠다. 조종사들은 속도를 줄였고 기체를 122미터 높이까지 상승시킨 후 목표지점 상공에서 글라이더를 분리했다. 지협의 양 측면에 제일 먼저 착지한 것은 글라이더였다. 그와 동시에 공수부대원들이 강하하여 운하 북쪽에 착지했고, 다리를 공격하여 많은 영국군을 포로로 잡았다.

다리를 무사히 점령하려는 그들의 목표는 달성되었으나, 독일군이 다리에서 도폭선을 절단한 뒤 대공포 유탄 1발이 다리에 설치된 폭파 장약에 명중해 폭발했다. 다리는 폭파되고 공수부대원 여러 명이 전사했지만, 공병들이 그날로 부서진 다리 옆에 가교를 세워 본토와 펠로폰네소스 반도 사이의 교통은 원활하게 이루어졌다. 강하가 좀더 일찍 이루어졌더라면, 독일군은 영국 원정부대를 포위망 안에 가둘 수도 있었을 것이다(영국군의 철수는 4월 27일에 완료되었다).

크레타로 전진!

독일이 그리스를 점령하고 난 뒤 모두의 시선은 크레타(Crete)로 향했다. 크레타 섬은 양군에게 모두 중요했다. 영국은 동지중해에서 해상 우위를 지키기 위해 수다(Suda) 해군기지가 필요했고, 독일은 지중해에서 항공 및 해상작전을 공세적으로 펼치기 위한 전진기지로 크레타가 필요했다. 이 섬을 점령하면 이집트에서 공세를 펼치고 있는 추축국 지상군을 도울 수도 있고, 연합군 항공기들이 이 섬에서 출격하여 루마니아 플로이에슈티에 위치한 유전을 폭격하는 것도 막을 수 있었다.

〈78쪽〉 1941년 그리스에서 촬영한 슈투덴트 장군의 기관총수 독일 공수부대는 이 작전에서도 허세가 아닌 진정한 용기를 보여주었다. 그 좋은 예는 글라이더로 강하해 코린트를 공격한 제2공수연대 2중대장 한스 토이센(Hans Teusen) 중위이다. 그는 퇴각하는 영국군들을 추격하며 나우플리아(Nauplia)로 진격하라는 후속 명령을 받는다. 영국군을 따라잡은 토이센은 그의 부대보다 훨씬 더 많은 병력을 보유한 영국군 사령관에게 자신이 1개 사단의 선봉에 서 있다고 설득했다. 그의 설득으로 1,200명 이상의 영국군이 포로로 잡혔고, 토이센은 이 공로로 기사십자훈장을 받았다.

제11공수군단장 슈투덴트 장군은 독일군 공수부대의 전 병력을 투입해 크레타와 키프로스(Cyprus)를 점령하자고 주장했다. 크레타에서 싸웠던 공군 중령 폰 데어 하이테 남작(Freiherr von der Heydte)은 그에 관련된 이야기를 이렇게 회고했다.

"슈투덴트 장군의 상관인 제6항공함대 사령관 알렉산더 뢰어(Alexander Löhr) 장군은 이 제안을 4월 15일에 괴링에게 제출했고, 괴링은 슈투덴트 장군에게 4월 20일에 출두 명령을 내렸다. 4월 21일에는 히틀러가 슈투덴트를 만났고 4월 25일에는 명령문 28호를 통해 '메르쿠르(Merkur)' 작전, 즉 크레타 섬 기습공격을 즉시 준비하라는 명령이 떨어졌다."

2주 내에 작전에 참가할 모든 부대가 집결했다. 그러나 보급상의 문제 때문에 작

그리스에서 퇴각한 영국군이 크레타에 도착했다. 병사들 대부분은 개인화기를 갖고 있었지만 텐트, 모포, 취사도구, 외투(이곳의 밤은 매우 추웠다) 같은 물자는 부족했다. 독일군의 공격 전야에 이 섬의 방어태세는 형편없는 수준이었다. 주둔지는 적의 대규모 공격을 막아내기에 역부족인 상태였고, 프레이버그(Freyberg)의 항공자산 역시 적에 비해 압도적으로 열세였다. 이를 알고 있던 프레이버그는 5월 19일에 휘하 항공기들이 섬을 빠져나가도록 조치했다. 그러나 그는 나중에 다시 사용하게 될 것을 대비하여 항공기 착륙이 불가능하도록 비행장을 파괴하지는 않았다. 물론 나중에 이 비행장을 사용한 이들은 독일군들이었다.

1941년 5월 20일, 슈투카 급강하폭격기들이 수다 항구를 폭격하고 있다. 공수부대가 강하하기 전, Bf 109들은 말레메(Maleme)와 카니아 (Canea) 사이의 해안지대에 기총소사를 퍼부었고, 이로 인해 연합군 지상 병력들은 참호에서 이동할 수가 없었다. 독일 공군 제8항공군단 은 공수작전을 지원하기 위해 총 610대의 전투기와 폭격기를 전개했다.

항공기들에 의한 폭격과 기총소사 공격 이후 공수부대 가 투입되었다. 사전 공중 폭격에도 불구하고 공수부대 원들은 비행기에서 내리자마자 적의 강력한 포화에 노 출되었다. 많은 Ju-52가 대공포화로 파괴되어 제2파를 공중수송할 수 없게 되었다. 말레메에서는 많은 공수부 대원들이 간하 도중 사살당했고, 살아남은 인원들도 적 의 강력한 포화 때문에 무기 컨테이너에 도달하지 못했 다. 따라서 그들은 강하할 때 지니고 있던 권총과 수류 탄만으로 싸워야 했다.

크레타 상공에서 불타는 Ju-52 레티모에 제2파로 강하했던 제2공수연대 2대대 소속 쉬르머(Schirmer) 대위는 제11공수군단이 입은 수송기 손실에 대해 분명하게 증언했다. "5월 20일 오전에 제1파를 수송했던 항공기 중 다수는 기지로 돌아올 수 없을 만큼 심한 손상을 입었다. 대대는 원래 54대의 Ju-52를 사용해 강하를 실시할 예정이었으나 사용할 수 있었던 기체는 29대에 불과했다."

전은 5월 20일로 연기되었다. 슈투덴트는 이 공격을 위해 Ju-52 500대와 DFS-230 글라이더 80대를 동원하여 그리스의 비행장에서 부대를 공중수송하는 데 사용했다. 공격부대는 마인들(Meindl) 장군 예하 공중강습연대(Luftlande-Sturmregiment), 쥐스만(Süssmann) 장군의 제7공수사단, 링겔(Ringel) 장군의 제5산악사단으로 편성되었다. 제5산악사단은 제22공중강습사단 대신 참가했는데, 이것은 제22공중강습사단이 루마니아에서 플로이에슈티 유전을 지키느라 제때 이동할 수 없었기 때문이다.

크레타 섬은 256킬로미터 길이에 좁은 곳의 폭은 12.8킬로미터, 넓은 곳의 폭은

56킬로미터였다. 섬의 내지는 척박했고 침식된 산들로 뒤덮여 있었다. 식수 및 도로도 부족했다. 남쪽 해안에서 사용할 수 있는 유일한 항구는 스파키아(Sfakia) 항이었다. 주요 촌락은 주로 섬의 북쪽에 있었으며, 말레메(Maleme), 카니아(Canea), 레티모(Retimo), 헤라클리온(Heraklion) 등이 있었다. 영국 해군에게 적합한 유일한 항구역시 북쪽의 수다 만에 있었다.

위험 평가

독일 공군의 원래 계획은 말레메 비행장과 카니아 사이의 섬 서부(이곳에는 다수의 교량, 도로, 대공포대가 있다)에서 공수작전을 실시하고 여기에서부터 동쪽으로 진격한다는 것이었다. 이것은 독일 공수부대를 좁은 지역에 집중적으로 투입하여 공중과지상에서 비교적 신속하게 국지적 우위를 달성한다는 것을 의미했다. 한편 이 작전

많은 공수부대원들이 잘못된 위치에 강하했다. 공중강습연대의 4중대와 본부대는 영국군 거점 한복판에 떨어졌고, 제3공수연대 소속 하일만(Heilmann) 소령의 3대대 9중대만이 정확한 위치에 강하했다. 곧 슈투덴트는 제1파 중 어떤 부대도 주요 목표를 달성하지 못했다는 것을 알게 되었다. 많은 대대장과 중대장이 전사했고, 심지어는 쥐스만 중장마저 전사했다.

〈위〉 **크레타 전투 승리의 열쇠를 쥔 말레메 비행장** 작전 첫날의 해가 저물 무렵, 슈투덴트에게 작전 실패 외에 다른 소식은 전달된 것이 없었다. 말레메만이 유일한 실낱같은 희망이었다. 제3공수연대는 카니아는 물론 갈라타스(Galatas)도 점령하지 못했다. 제2공수연대는 레티모 비행장을 굽어보는 고지를 점령했으나 많은 인원을 잃었다. 제1공수연대는 강하 과정에서 너무 넓게 흩어져 헤라클리온 비행장의 어느 부분도 점령하지 못했다. 이 전투에 참전한 공수부대원 7,000명의 앞날은 어둡기 그지없었다. 이 사진은 크레타 전투가 끝난 후 촬영했으며 영국군이 투하한 폭탄이 비행장에서 폭발하는 광경이 보인다.

〈아래〉 공수부대가 말레메 비행장에 투입되었지만 점령에 성공하지는 못했다. 이 비행장 점령의 열쇠는 비행장과 주위 지형을 내려다보고 있는 107고지였다. 말레메 비행장 전투가 끝난 후 촬영한 이 사진에는 장비를 싣고 온 Ju-52와 독일 산악부대가 보인다.

에는 치열한 산악전이 벌어질 수 있고, 적이 동쪽의 헤라클리온과 레티모 비행장을 계속 장악하게 된다는 단점이 있었다. 이와 달리 제11공수군단의 계획은 말레메, 카니아, 레티모, 헤라클리온 등을 포함한 7개 지점에 일제히 낙하산 강하를 실시한다는 것이었다. 이 계획은 섬의 모든 전략적 거점을 일거에 제압할 수 있다는 장점이 있었다. 나머지 지역들은 후속 소탕작전을 통해 제압할 수 있었다. 그러나 부대가 넓은 지역에 분산되기 때문에 반격에 취약해진다는 약점도 있었다. 이 계획은 슈투덴트 장군의 이른바 '유점(油點) 전술(oil spot tactics)' 개념을 포함하고 있었다. 그 공격의 첫 단계는 특정한 곳에 병력을 집중하는 대신 공격 지역에 여러 개의 작은 공두보(airhead)를 확보하는 것이었고, 그 다음 이들 공두보를 계속 증강시켜 서로 연결해야 했다. 전후 독일의 공수작전 평가서는 크레타에서 그들이 어떤 식으로 실패할 뻔했는지를 설명한다.

"한때 전체 작전이 거의 완전히 실패하기 직전의 상황까지 이르렀는데, 공두보가 너무 약했고 각각의 거리도 너무 멀어서 적에게 조금씩 잠식당하고 있었기 때문이다."

독일 해군의 쉬스터(Schüster) 제독은 해상을 통해 병력과 중장비를 상륙시키는 임무를 수행해야 했지만, 그 임무를 맡길 해군 부대가 하나도 없었다. 피라쿠스(Piracus) 항구에 집결한 그의 수송선들은 그리스 작전 중에 노획한 작은 범선들뿐이었다.

최종 작전계획

괴링이 최종적으로 채택한 공격 계획은 절충안이었다. 즉 병사 1만 명은 낙하산으로, 750명은 글라이더로 강하시키고, 5,000명은 수송기로 착륙시키며, 7,000명은 해상으로 상륙시키는 것이었다. 제1파의 목표는 두 가지였다. 첫째, 공중강습연대의 1 · 2 · 3 · 4대대는 말레메 비행장에 글라이더 및 낙하산으로 강하한다. 둘째, 제3공수연대는 크레타의 중심지인 키니이 근교에 강하하여 접령하고 수다 항구를 공격한다.

8시간 후에 투입될 제2파의 목표는 다음 두 가지였다. 제2공수연대의 공수부대원들은 레티모와 그곳의 비행장에 강하한다. 그리고 제1공수연대는 헤라클리온과 그곳의 비행장에 강하한다.

작전 둘째 날의 계획은 다음과 같았다. 전날 투입된 제1파가 점령할 말레메, 레티모, 헤라클리온 비행장에 제5산악사단의 후속부대가 공수된다. 쉬스터 제독의 상륙선단은 독일군이 이미 점령한 헤라클리온, 수다 만, 그리고 다른 작은 항구들에 병력과 물자를 양륙한다.

이 작전 기간 내내 제13항공군단의 전투기와 폭격기들은 제공권을 확보해야 했다.

크레타로 공수될 산악부대 장병들 5월 21일 오전 내내 공수부대가 107고지를 지켜낸 덕분에 Ju-52 1대가 착륙해 탄약을 내려놓고 부상자를 태운 뒤 다시 이륙할 수 있었다. 슈투덴트에게 기회가 왔다. 그날 오후, 그는 제100산악연대 2대대를 공수했다. 대대 중 일부는 추가 공격을 위해 재편성된 공수부대를 지원했고, 나머지 대대 병력은 점령한 비행장 방어에 투입되었다. 공중강습연대의 남은 2개 중대는 21일 오후 말레메에 착륙했다.

크레타에 투입된 독일 산악부대 링겔의 제5산악사단은 제85산악보병연대, 제100산악보병연대, 제95산악포병연대, 제95산악
모터사이클대대, 전투공병대대, 대전차대대, 수색대대 등으로 구성되었다. 제5산악사단의 부대들은 차례차례 말레메에 도착하
여 독일군 쪽에 유리한 상황을 만들기 시작했는데, 특히 5월 22일 말레메 비행장을 탈환하려는 영국군의 반격이 실패한 이후
힘의 균형은 완전히 깨졌다. 5월 24일이 되자, 독일군은 아무런 방해도 받지 않고 말레메에 보급품을 내려놓을 수 있었고, 영
국군은 더 동쪽으로 물러나 있었다. 전투는 이제 두 번째 단계인 수다 만 전투에 돌입했다.

영국군 주둔지 상황

크레타 침공 전야, 이 섬에 주둔한 연합군은 영국군과 영연방군 2만 7,500명과 그리
스군 1만 4,000명으로 이루어져 있었고, 이들은 모두 뉴질랜드 제2사단장인 버나드
프레이버그(Bernard Freyberg) 소장의 지휘를 받고 있었다. 이 섬에 처음부터 주둔하
고 있던 병력 5,000명은 충분한 무장을 갖추고 있었지만, 그리스에서 퇴가한 병력은
지치고 조직이 와해되었으며 장비도 부실한 상태였다. 크레타인들은 비록 공습을

당하고 많은 젊은이들이 그리스 전역에서 포로로 잡혔음에도 불구하고 기꺼이 연합군을 도왔다. 연합군이 이용할 수 있는 기갑 전력은 중전차 8대와 경전차 16대, 병력 수송용 장갑차 몇 대뿐이었다. 연합군 포병대는 노획한 이탈리아제 포들과 3.7인치 곡사포 10문, 몇 개의 대공포 포대로 구성되어 있었다.

방어군의 전력은 부족했지만, 영국 최고사령부는 크레타 섬에 대한 전면 공세가 있을 것이란 점을 정확히 인식하고 있었다. 프레이버그 장군은 말레메, 레티모, 헤

라클리온 이 3개 비행장에 대한 공수부대 강하를 저지하고 수다 만과 인근 해안의 해상 상륙을 저지하기 위해 휘하 부대를 적절히 배치했다. 그의 주력부대는 가장 중요한 말레메 비행장 방어에 투입되었다. 그러나 그의 항공 전력은 절망적인 상태에 있었다. 보유한 항공기는 36대뿐이었으며, 작전이 가능한 항공기는 그 절반도 안 되었다. (비행장들은 독일군의 사전 폭격으로 파괴되었고, 영국 항공기는 침공이 시작되기 전날 섬에서 철수했다.)

근해에 있던 영국 해군 전력은 그보다는 훨씬 나은 상태였다. 영국 해군은 2개 부대로 나뉘어 있었는데, 하나는 순양함 2척과 구축함 4척으로 이루어진 부대로 섬 북부에 침입하는 모든 적을 요격하는 임무를 맡았고, 또 다른 하나는 전함 2척과 구축함 8척으로 구성된 부대로 크레타 북서부로부터 개입할지 모르는 이탈리아 함대를 차단하는 임무를 맡았다. 영국은 독일의 에니그마(Enigma) 암호를 해독하여 크레타 섬 공격 작전을 알게 되었으나, 해상을 통한 중화기, 병력, 보급품의 양륙 없이는 독일군의 공수작전도 성공할 수 없다고 생각했다. 영국 해군이 이들을 막아낸다면 전투에서 이길 수 있다고 본 것이다.

1941년 5월 20일, 대규모 급강하폭격이 있은 후 독일군의 침공이 시작되었다. 말레메에서는 공중강습연대 1대대 예하 소부대들이 DFS-230 글라이더를 타고 07:15시에 비행장 서쪽과 남쪽에 착륙했다. 3대대는 뉴질랜드군 한복판에 너무 넓게 퍼져서 강하하는 바람에 몇 분 만에 몰살당했다. 4대대는 큰 어려움 없이 타브로니티스(Tavronitis) 다리 서쪽에 강하했고, 2대대는 계획대로 스필라(Spilla) 동쪽 구역에 강하했다. 그곳에서 적의 저항

수다 만에서 공격당하는 영국 선단 비록 헤라클리온과 레티모를 독일군 공수부대가 여전히 점령하고 있었지만, 그것은 카니아와 수다에서 펼쳐질 격전에 비하면 사소한 문제라는 것을 프레이버그는 알고 있었다. 그가 카니아와 수다를 지켜내기만 하면 증원군이 올 수 있었다. 제85산악보병연대는 알리키아누(Alikianou)를 공격하여 수다 만 남쪽의 주도로를 차단했고, 제100산악보병연대는 갈라타스를 공격했으며, 말레메에 있던 람케-그는 500명의 공수부대와 함께 도착했다-휘하의 공수부대가 갈라타스의 북쪽을, 그와 동시에 제3공수연대가 남쪽을 공격했다. 전투는 처절했으나, 독일군은 5월 27일에 카니아에 진입하여 수다 만을 장악했다.

크레타 섬 앞바다에서 영국군 순양함이 공격당하고 있다. 독일군의 제공권 확보에도 불구하고, 수다에 증원군과 보급품을 수송하던 제1파 수송선단이 영국 해군 기동함대에게 저지당하면서 해상 침공은 중단되었다. 영국 해군이 대부분의 수송선단을 격침시켜 많은 독일 병사들이 익사했다. 제2파 수송선단은 이런 사태를 피하고자 회항했다.

은 없었다. 훨씬 서쪽의 카스텔리(Kastelli) 근교에 강하한 1개 증원소대는 그리스군과 무장한 민간인들의 공격을 받고 전멸당했다.

마인들 소장은 참모장교들과 함께 07:15시에 4대대 구역으로 강하했다. 그러나 그는 가슴에 총탄을 맞고 중상을 입었으며 연대 지휘권은 2대대장 슈텐츨러(Stentzler) 소령에게 인계되었다.

글라이더에 탑승한 알트만 전투단(Kampfgruppe Altmann, 공중강습연대 1중대와 2중대 병력으로 구성)은 카니아 근교의 주요 목표물을 점령하기 위해 착륙했으나 많은 병력을 잃었다. 구스타프 알트만(Gustav Altmann) 대위는 5월 22일 포로가 되어 종전 때까지 억류되어 있었다. 카니아 남서쪽에 강하한 제3공수연대는 뉴질랜드군과의 전투에서 많은 인원을 잃었다. 격전 끝에 공수부대는 아기아(Agia)를 점령했고, 마을 남서부에 강하한 리하르트 하이드리히(Richard Heidrich) 대령과 참모장교들은 그곳의 교도소를 지휘소로 삼았다. 〔이때 제7공수사단 참모진들과 만날 예정이었던 빌헬름 쥐스만 중장은 타고 있던 글라이더가 아이기나(Aegina) 섬에 추락하면서 전사했다.〕

5월 20일 정오 무렵, 제3공수연대는 적의 반격과 막심한 인명손실 때문에 카니아에 도달할 수 없었다. 공중강습연대 역시 말레메 비행장 점령 및 그 남쪽에서 말레메 비행장을 내려다보는 107고지 점령에 실패했다. 많은 항공기들의 손실, Ju-52의 재급유 문제, 그리스 비행장을 뒤덮은 먼지가 복합적으로 작용하면서 제2파의 출격시각은 지연되었다. 이 때문에 제2파 강하는 대규모가 아닌 소규모로 진행될 수밖에 없었다.

15:00시, 알프레트 슈트름(Alfred Strum) 대령의 제2공수연대가 레티모에 강하했다. 넓게 흩어진 부대원들은 곧 오스트레일리아 제19여단의 반격에 부딪쳤다. 작전의 진행은 더뎠다. 상황은 제1공수연대가 적의 맹반격에 직면해 비행장 점령에 실패했던 헤라클리온에서처럼 돌아갔다. 강하가 시작되었다는 소식을 들은 슈투덴트는 전체 작전을 성공시키기 위해 헤라클리온 대신 말레메에 산악부대를 공수하기로 결정했다.

5월 21일, 뉴질랜드군이 실수로 퇴각하면서 독일 공수부대는 핵심거점인 107고지를 점령할 수 있었다. 이로써 독일군이 말레메를 점령하는 길이 열렸다. 14:30시부터 비행장 동쪽의 뉴질랜드군 거점에 대한 독일군의 항공공격이 시작되었고, 뒤이어 제1·2공수연대의 예비대가 낙하산으로 강하했다. 이들은 먼저 강하한 장병들과 함께 비행장의 방어군을 유린했다. 비행장에는 아직도 적의 포병 사격이 가해지고 있었지만, 16:00시에는 산악사단을 싣고 온 첫 Ju-52가 말레메에 착륙했다. 많은 항공기들이 적의 포격에 파괴되었음에도 불구하고 병사들은 항공기에서 내리는 데 성공했다.

같은 날, 영국 해군이 병력과 물자를 싣고 오던 독일 함대를 공격했다. 많은 배들이 그리스로 회항했고 그렇게 하지 못한 배들은 바닷속에 수장되어버렸다. 독일군

크레타에 투입된 독일 공수부대와 그들이 잡은 영국군 포로들 5월 29일, 영국군은 남쪽의 스파키아로 철수했다. 링겔은 처음에 이를 감지하지 못했고, 레티모와 헤라클리온에 가해지는 압박을 덜기 위해 동쪽을 공격하기로 결정했다. 5월 29일에는 레티모에서, 30일에는 헤라클리온에서 전투가 벌어졌다. 영국 해군은 추축군의 공습 속에서도 철수작전을 훌륭히 수행하여 1만 4,800명을 이집트로 철수시켰다.

승리를 거둔 슈투덴트의 병사들이 영국군 포로들을 감시하고 있다. 제3공수연대 1대대장인 공군대위 폰 데어 하이테 남작은 크레타 작전을 이렇게 요약했다. "독일 공수부대는 대규모 공수작전의 실행이 가능하며, 그러한 공수작전을 통해 단순히 지상군을 지원하는 임무만이 아니라 독자적으로 작전을 수행하여 전략적 임무를 해결할 수 있다는 것을 입증해 보였다." 그러나 그 대가는 비쌌다. 이 전투에서 독일군 사상자는 7,000명이나 되었다.

들에게 그보다 더 좋은 소식은 말레메를 탈환하기 위한 영국군의 공격이 실패했다는 것이었는데, 그것은 크레타 작전의 첫 번째 결정적 전투가 되었다. 제5산악사단장 링겔 장군은 말레메 근교의 부하들을 지휘하여 재편성했다. 그 동안 레티모와 헤라클리온 주변의 공수부대는 진지를 사수하기 위해 여전히 싸움을 벌이고 있었다. 그러나 5월 23일에 이 작전의 위기상황은 지나갔고, 링겔 휘하의 부대들은 카니아 인근의 제3공수연대 잔존병력과 연계했다. 하지만 영국군은 특히 카스텔리와 갈라타스의 방어거점을 중심으로 끈질긴 저항을 계속했다. 실제로 이곳의 전투는 48시간이나 계속되었으며 크레타 섬 작전 전체에서 가장 치열한 전투 중 하나로 남게 되었다.

5월 25일 저녁, 산악병들은 카스텔리와 갈라타스의 영국군 거점을 점령했고, 이 제 말레메를 통해 지원군을 받을 수 있게 된 독일군은 이틀 후 카니아를 향해 공격을 시작했다. 제3공수연대 1대대가 영국군 후방 거점을 포위하고 마을로 진입했다. 5월 28일, 이 부대가 수다를 점령하자, 이때부터 전투는 추격전 양상을 띠었다. 다음 날 링겔의 부대는 이 작전에서 큰 손실을 입은 레티모와 헤라클리온의 공수부대와

연계한다. 27일, 프레이버그는 이미 크레타 섬 철수를 승인받은 상태였고, 영국군은 해군 함정을 타고 섬을 떠나기 위해 남쪽으로 철수하는 중이었다.

소탕전

이제 독일군은 섬의 북쪽 해안을 완전히 통제하게 되었고, 산악사단의 특수임무부대들은 영국군의 철수를 저지하기 위해 진격 중이었다. 스파키아 마을 근교에 있던 영국군 후위부대가 철수 교두보에 접근하는 독일군을 저지하려고 싸운 것이 크레타 섬의 마지막 전투가 되었다. 6월 1일, 작전은 종료되었고 섬 전체가 독일군의 수중에 들어왔다. 그러나 승리의 대가는 비쌌다. 이 섬에 강하한 독일 공수부대원 4명 중 1명이 전사했고, 그보다 더 많은 인원이 부상당했다.

후일 폰 데어 하이테는 크레타 전투에서 공수부대가 많은 인원을 잃은 이유를 이렇게 말했다. "독일 공수부대원들, 특히 초급장교들의 전술 경험이 부족했다는 점을 말하지 않을 수 없다. 용기와 열정, 헌신이 결코 경험과 훈련을 대신할 수는 없다." 슈투덴트도 크레타 섬을 "독일 공수부대의 무덤"이라고 표현했다. 히틀러는 크레타 점령전에서 받은 손실에 충격을 받고는, 1942년에 크기도 훨씬 작고 방어력도 약한 몰타 섬을 점령하기 위한 독일-이탈리아 연합공수작전을 취소했다. "일이 잘못되면 너무 많은 인명이 희생될 것이다."

결과적으로 독일 공수부대는 더 이상의 대규모 공수작전은 없다는 히틀러의 명령에 발이 묶였다. 이제 공수부대는 보병으로서 처음에는 아프리카에서 그 뒤에는 유럽에서 싸우게 되었지만, 그래도 눈부신 활약을 보여주었다.

말레메에서 독일 공수부대원들이 시체를 훼손하고 부상자들을 죽인 크레타 유격대원들이 사형집행을 앞두고 있다. 공중강습연대 3대대에서 최소한 135명의 공수부대원이 유격대의 공격으로 목숨을 잃었다. 칸네노스 (Kandenos) 마을 주민들 역시 유격대원들의 잔혹 행위에 대한 독일군의 보복으로 학살당했다.

〈위〉 **크레타 수장** 흰색 면 띠 가장자리에 노란색 줄이 들어가 있다. 가운데에는 노란실로 대문자 'KRETA'를 수놓았다. 문자의 양 옆에 있는 멋진 모양은 어린 아칸서스 잎이다. 일부 참고 문헌들은 회색기가 도는 백색 면으로 만든 것만을 크레타 수장 (袖章, cuff title: 군복 소매에 다는 장식물―옮긴이)으로 인정하고 있으나, 같은 색깔의 펠트(felt)로 만들어진 변형품들도 있다. 독일 공수부대는 5월 20일부터 27일 사이에 크레타 섬에 글라이더 또는 낙하산으로 강하해서 싸운 공수부대원들에게 이 수장을 수여했다.

〈아래〉 독일 공수부대는 크레타 전투에서 세운 무공으로 최소 23명의 기사십자훈장 수훈자를 배출했다. 괴링은 1941년 6월 2일 일일명령을 통해 이 섬에서 벌어진 공수부대원들의 활약을 치하했다. "꺾이지 않는 투혼으로 충만한 공수부대원들은 영웅적이고 처절한 전투에서 압도적으로 많은 수의 적을 독자적으로 완전히 물리쳤다."

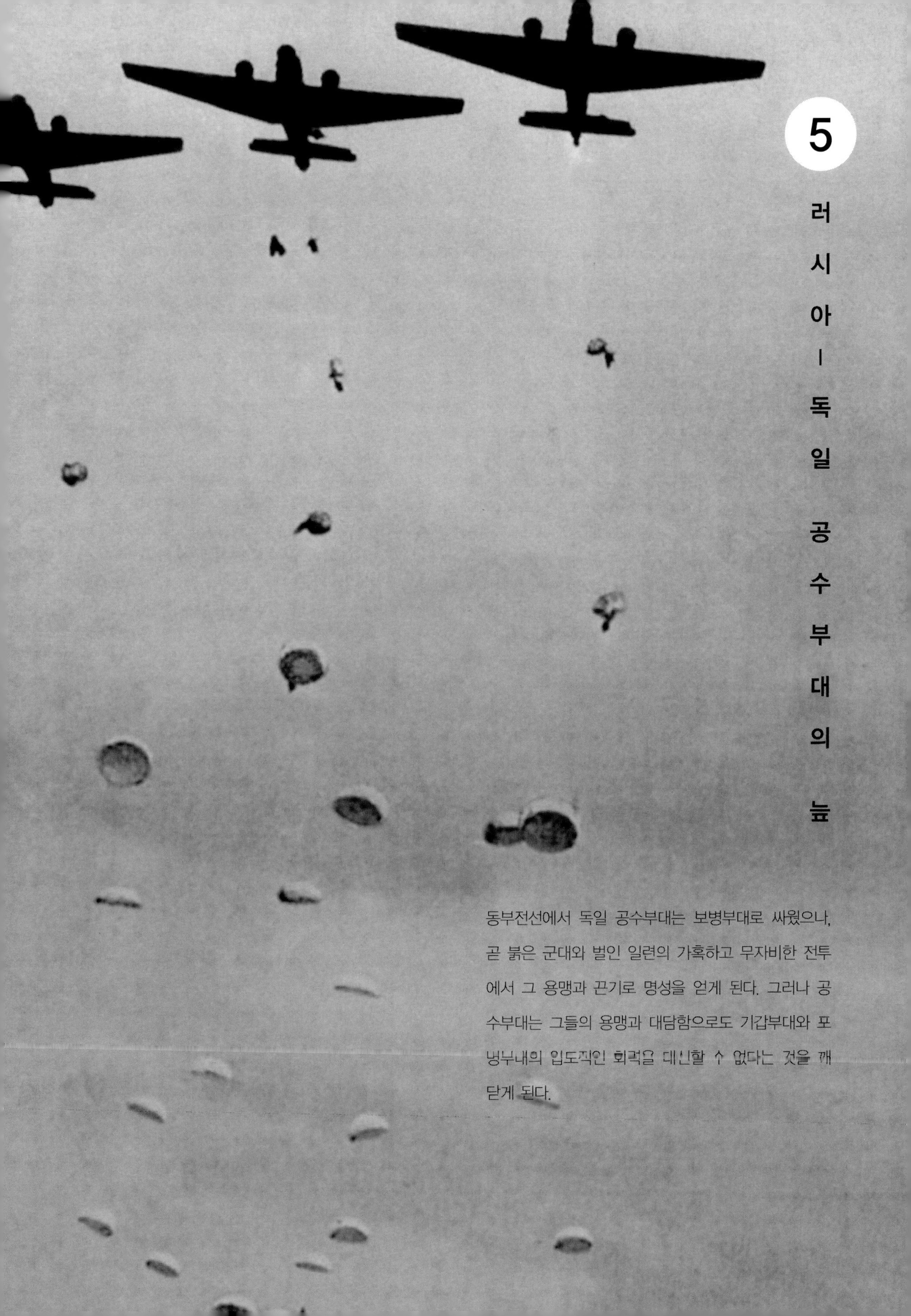

5

러
시
아
―
독
일
공
수
부
대
의
늪

동부전선에서 독일 공수부대는 보병부대로 싸웠으나,
곧 붉은 군대와 벌인 일련의 가혹하고 무자비한 전투
에서 그 용맹과 끈기로 명성을 얻게 된다. 그러나 공
수부대는 그들의 용맹과 대담함으로도 기갑부대와 포
병부대의 압도적인 화력을 대신할 수 없다는 것을 깨
닫게 된다.

1941년의 크레타 섬 전투 이후로 대규모 공수작전이 없었던 주된 원인은

바로 히틀러에게 있었다는 것이 정설이다. 그가 이 전투에서 입은 막대한 인명손실에 겁을 먹고 위험한 공수작전을 좋아하지 않게 되었다는 것이다. 이 주장이 사실이라 하더라도, 제2차 세계대전 종전 후에 미 육군이 전쟁 당시의 독일군 공수작전에 대해 연구하여 내놓은 보고서는 또 다른 원인을 제시하고 있다. 이 연구에 공헌한 폰 데어 하이테, 케셀링(Kesselring), 마인들, 슈투덴트 등의 논평은 매우 적절한 것이었다. "크레타 섬 공수작전은 매우 심각한 손실을 초래했다. 특히 낙하산병들이 입은 피해는 컸다. 당시 독일은 갖고 있던 거의 모든 낙하산병을 크레타 공격에 투입했고, 그 결과 그들의 전력은 원래의 1/3로 줄어들었다. 이 때문에 소련과의 전쟁

공수부대 모터사이클 운전병이 소련의 진흙탕 속에서 모터사이클을 운전하고 있다. 제7공수사단은 1941년 9월 말에 소련에 파견되었으며, 그 얼마 후인 10월부터 우기가 시작되어 도로는 진창이 되었고 부대이동도 거의 불가능했다.

어느 독일 장군은 동부전선의 독일 공수부대에 대해 이렇게 묘사했다. "군기가 엄정하고, 강인하며, 잘 훈련되어 있다. 협동정신의 귀감이다."

초기에는 대규모 공수작전을 수행할 수 있을 만한 전력을 갖춘 부대가 너무 부족했다. 항공수송능력도 앞으로 펼쳐질 작전들을 수행하기에는 불충분했다." 따라서 1941년 6월 22일에 소련 침공작전 '바르바로사(Barbarossa)'가 시작되었을 때, 제7공수사단은 독일의 주둔지에서 휴양과 재보급을 실시하면서 크레타에서 입은 손실을 회복하고 있었다.

1941년 9월, 러시아에서 독일군의 진격은 느려졌다. 북부집단군, 중부집단군, 남부집단군은 진흙탕과 소련군의 반격에 발이 묶였고, 이에 따라 제7공수사단의 각 부대들이 동부전선으로 파견되었다. 제1공수연대의 1대대와 3대대, 공중강습연대의 2대대는 레닌그라드(Leningrad) 지역으로 파견되어 북부집단군 예하 제18군을 지원했다.

공수부대는 볼호프(Volkhov) 전선의 붉은 군대가 서쪽의 레닌그라드를 지원하기 위해 접근하고 있던 네바(Nava) 강 근처의 어느 도시 동쪽에 배치되었다. 1941년 10

소련 철도 옆에서의 경계 근무 이 사진의 병사는 측면 주머니 2개, 엉덩이 주머니 2개, 다리 트임 2개(무릎 바로 위), 작은 주머니 1개가 있는 공수부대용 암회색 모직 바지를 입고 있다. 바지 끝단 바깥쪽으로 V자형으로 갈라져서 양쪽으로 박음질한 끈이 하나씩 나와 있다. 발목께에서 이 끈을 조이면 바지는 통바지 모양이 된다. 공수부대용 바지는 병사들이 가랑이 속으로 손을 넣어 무릎 보호대를 해체할 수 있게 만들어졌다. 오른쪽 다리 바깥쪽의 트임 안에는 3개의 똑딱단추가 달려 있다. 다리 주머니에는 솔기 안으로 박음질한 쐐기형 덮개가 있고, 사진에 나타난 또 다른 2개의 똑딱단추로 이 덮개를 잠갔다. 이 주머니에는 착지 시 상황이 좋지 않을 경우 멜빵을 신속히 해체할 수 있도록 만들어진 공수부대용 '그라비티 나이프(gravity knife)'가 들어간다. 그 이름에서 알 수 있듯이, 스프링이 달린 레버를 움직이면 칼날이 자체 무게에 의해 튀어나온다.

101

러시아 북부에서 모터사이클 팀이 적군 혹은 유격대를 소탕하기 위해 하차하고 있다. 1941년 9월~12월 사이에 레닌그라드 지역에 배치된 공수부대는 다음과 같다. 제1공수연대 본부 및 1·3대대, 제3공수연대 본부 및 1·2·3대대, 공수공병대대 1· 2중대, 제7공수포병대대 1·3중대, 제7공수의무대대 1중대, 제7공수대전차대대 2중대, 제7공수기관총대대 2중대, 공중강습연대 2대대.

월, 네바 전투는 가혹했으나 공수부대는 소련군의 공격을 저지하는 데 성공했다. 10월 중순, 제7공수사단 사령부가 전선에 도착했고 그 직후 공수공병대대도 도착했다. 공수공병대대는 네바 서쪽의 삼림지대에서 곧장 전투에 투입되었다. 그 후 두 달 동안, 붉은 군대는 공수부대를 괴멸시키기 위해 맹공을 가했다. 1941년 12월, 레닌그라드 지역의 공수부대는 결국 퇴각했고 휴양을 위해 독일로 돌아갔다.

제2공수연대, 공중강습연대의 1개 대대, 대전차대대 및 기관총대대 예하 부대들이 남부집단군을 지원하기 위해 우크라이나로 파견되었다. '슈트름 전투단(Kampf-gruppe Strum)'으로 불린 이 부대는 알프레트 슈트름 대령의 지휘 하에 1941년 밀부터 1942년 초까지 미우스(Mius) 강가에 있는 차르지스크(Charzysk) 마을 주변 구역을 지켜냈다. 이 기간에 공수부대들은 추위와 소련군의 공격으로 많은 사상자를 냈다.

소모전

1942년이 되자 소련군은 공세를 줄기차게 펼쳤고, 공수부대는 그에 맞서 싸우며 자신의 진가를 드러냈다. 크레타에서처럼, 그들은 정예부대로서 압도적인 전력을 가진 적으로부터 지역을 방어하는 데 적합했다. 때문에 단 한 치의 땅도 빼앗겨서는 안 된다는 생각에 사로잡혀 있던 히틀러는 그들의 가치를 높이 평가했다. 슈트름 전투단은 소련군의 모든 공격을 막아냈고, 마인들 전투단(공중강습연대 1대대, 포병연대, 연대본부로 구성되었다)도 슈트름 전투단을 지원하기 위해 남으로 향했다. 공수부대는 유크노프(Yuknov) 구역에서 몇 주 동안 전투를 계속했으며, 결국 소련군을 막아내고 그들에게 큰 손실을 입혔다. 적의 공격이 잦아들자 마인들 전투단은 북쪽의 볼호프(Volkhov) 강 근교, 즉 레닌그라드 남동쪽 지역으로 이동했다. 1942년 3월, 제2공수연대도 볼호프 전선으로 이동하여 제21보병사단의 지휘를 받아 전투했다.

5월 8일, 볼호프 및 북서전선의 소련군은 레닌그라드의 포위를 풀기 위해 동쪽으로부터 대규모 공격을 가해왔다. 리포프카(Lipovka)라는 소읍과 그 근교에 있던 제2공수연대는 필사적인 저항 끝에 소련 전차와 보병의 공격을 여러 번 물리쳤다. 공수부대는 그 지역을 지켜냈으나 전력이 크게 줄어들어 7월에 독일로 돌아왔고, 힘들여 얻은 휴식을 즐겼다.

1942년 여름에 제7공수사단의 주력은 노르망디에서 휴양하며 재보급을 실시하고 있었고, 에리히 발터 대령이 지휘하는 제4공수연대가 북아프리카로 떠난 제2공수연대를 대신하여 사단에 합류했다.

이 기간에 독일군 최고사령부는 러시아 남부에서 공수작전을 펼쳐 다수의 유전을 점령하려는 계획을 세웠다. 그러나 제7공수사단이 남부집단군에 배속된 9월에 이 작전은 취소되었다. 대신 사단은 스몰렌스크-비테브스크(Smolensk-Vitebsk) 고속

〈위〉 네바 전선에서 화염방사기로 소련군 벙커를 불태우는 모습 사진에 나온 것은 플라멘베르퍼(Flammenwerfer) 41로서 배낭 프레임에 실린더형 탱크 2개가 수평으로 놓여 있다. 처음에는 배터리 발화식 수소 점화장치를 사용했으나 동부전선에서 사용해본 결과 극도의 추위에서는 제대로 작동하지 않을 수 있다는 것이 확인되어 발화통을 사용한 점화장치로 바꾸었다. 이 점화장치는 방사기의 방아쇠를 당길 때마다 노즐에서 연료가 분출되고 발화통에서 분출된 불꽃이 불을 붙였다. 연료 용량은 7리터(1.5갤론)로 한 번에 2~3초씩 5~6회에 걸쳐 방사할 수 있으며, 화염이 미치는 거리는 25미터에 달했다.

〈아래〉 레닌그라드 근교에서의 작업 제2공수연대의 소부대와 공중강습연대 및 제7공수기관총대대는 1941년 모스크바 전선에 배치되었다.

〈위〉 흰색 위장복을 입은 동부전선의 공수부대원들 이 위장복은 의복과 장비 위에 그대로 걸칠 수 있었고, 후방의 세탁부대가 손쉽게 세탁할 수 있었다. 백색 헬멧에 주목하라. 적설지대에서는 병사 개개인이 헬멧에 흰색 수성페인트로 위장을 하는 경우가 많았다. 일반 페인트보다 수성페인트를 선호한 이유는 봄이 되어 눈이 녹으면 물로 씻어버릴 수 있기 때문이다. 이 병사들은 기관단총과 소총으로 무장하고 있다.

〈아래〉 레닌그라드 전선의 좁은 참호에서 적의 거점을 관찰하는 모습 공중강습연대의 마우에(Maue) 상병의 이야기는 동부전선에서 펼쳐진 공수부대 작전 초기의 특징을 드러내고 있다. "네바가 코앞임에도 소련군의 방어용 벙커 때문에 진격은 더욱 어려워졌다. 전선에서 지내는 동안 레닌그리드의 교외를 볼 수 있었다."

러시아에서 방한복장을 단단히 갖춘 공수부대 스키 정찰대원들 좌측의 두 병사는 독일 공군 독수리 문양이 달린 털작업모를 쓰고 있다. 동부전선에서 보병으로 싸우던 독일 공군 장병들은 1942~1943년 사이의 겨울에 처음으로 양면 동계피복을 지급 받았다. 일부 병사들은 표준지급품인 토크(toque)를 목에 두르고 있다. 양모로 짠 토크는 동부전선의 필수품이었다. 영하의 날씨에 이것 없이 헬멧을 썼다 벗으면 귀 윗부분이 헬멧에 들러붙어 떨어져 나가기 일쑤였다. 소련의 혹한은 금속을 약하게 만들고 가느다란 공이도 종종 망가뜨렸다. 기관총조차도 영하의 날씨에 손상되었다. 그래서 붉은 군대와 싸우는 독일군들은 나이프, 총검, 야전삽 따위의 무기로 거점을 지키는 경우가 많았다.

도로의 북부 90킬로미터 구역을 방어하는 임무를 맡고 스몰렌스크 근교로 이동했다. 독일 국방군과 붉은 군대가 훨씬 남쪽의 스탈린그라드(Stalingrad) 전투에 몰두하던 그해 겨울, 공수부대가 배치된 전선들은 상당히 조용한 편이었다. 전투의 소강상태는 1943년 3월까지 계속되었다.

러시아에서의 동계훈련 우측의 공수부대원은 봉형수류탄(Stielgranate)을 투척 중이다. 목제 손잡이가 있어서 난형수류탄보다 훨씬 멀리 날아간다. 손잡이 아래쪽의 나사식 뚜껑을 돌려서 빼낸 후 손잡이 안에서 손잡이보다 두 배는 긴 끈의 끝에 달린 점화고리를 잡아당기면 지연신관이 점화되면서 투척 준비가 완료된다. 수류탄은 지연신관이 점화된 지 4.5초 만에 폭발하여 돌풍과 소량의 파편을 발생시켰다. 독일 공군은 1943년~1944년에 374만 200발의 봉형수류탄을 인수했다.

28밀리미터 SPbz 41(Schwere Panzerbusche 41, 대구경 대전차총)을 운용하는 공수부대원 이것은 구경은 작지만 두 명만으로 운용할 수 있는 뛰어난 경대전차화기였다. 이 사진의 SPbz 41은 공수부대용 경량형으로 바퀴도 작고 총좌의 무게도 크게 줄였다.

〈위〉 독일군 전선 후방에 있는 비행장에서의 휴식 동부전선의 첫 겨울인 1941년 11월부터 1942년 3월 사이에 소련 스탈리노(Stalino) 구역에 투입된 독일 공수부대는 다음과 같다. 제2낙하산연대 1·2대대, 공중강습연대 4대대, 공수대전차대대 1중대, 공수의무대대 2·3중대, 제7공수기관총대대.

〈아래〉 끝없이 펼쳐진 듯한 눈 속의 정찰 맨 앞의 공수부대원은 기병용 총으로 고안된 Kar98a 볼트액션(bolt-action) 소총을 들고 있다. 길이 1.1미터의 이 총은 1.25미터의 Gew98 소총을 최대한 줄인 모델이다. 마우저(Mauser) 사는 이 총의 공수부대형 버전을 내놓기도 했는데, 나사식 결합기구를 사용해 둘로 분해하여 휴대할 수가 있었다. 그러나 전쟁이 진행될수록 공수부대에서는 기관단총이 더욱 흔한 화기가 되었다. 그것은 크기가 작으면서도 강력한 화력을 지니고 있어 볼트액션 소총보다 더 큰 인기를 누렸다.

〈위〉1942년~1943년 겨울 동부전선의 공군 중위 녹색 점프 스목 위에 보호대를 넣은 동계용 양면 바지를 입고 있으며, MP-40 기관단총용 9밀리미터 탄환이 32발 들어가는 박스형 예비 탄창 6개를 백색 탄입대에 휴대하고 있다. 이 기간에 제7공수사단은 스몰렌스크 지역에서 활동했지만 전투는 소규모로 이루어졌다.

〈아래〉1943년 초, 스몰렌스크 지역의 제7공수대전차대대 대전차포수들 이 대대의 3중대는 1942년 10월부터 1943년 4월 6일까지 동부전선에 배치되었으며, 5중대와 6중대도 1942년 10월부터 러시아에 배치되었다.

〈위〉 **동부전선 공수부대에 배속된 마르더 2호(Marder II) 자주포** 전쟁 말기인 1945년 1월 29일, 공수부대는 4개의 공수전차구축대대, 즉 제43·51·52·54공수전차구축대대를 편성했다.

〈아래〉 같은 차량을 다른 각도에서 본 사진. 마르더 2호 자주포는 75밀리미터 Pak 40/2 대전차포 1문과 MG-34 기관총 1정으로 무장했다. 탑승 인원은 3명이다. 사진 속의 자주포는 적 전차 5대를 격파했으며, 그 사실은 포신에 채색된 띠의 숫자로 알 수 있다.

동부전선에서의 적 전차 격파 훈련 지면에 카메라맨과 조수의 그림자가 보인다. 이 전차는 1939년~1941년에 소련군의 주력 전차였던 BT-7로 보인다. 1941년 말, 독일군은 소련군의 보다 강력한 T-34 전차가 전선에 점점 더 많이 배치되는 상황에 직면했다. 경대전차화기와 수류탄만으로 무장한 공수부대원들은 종종 적 전차에 매우 가까이 접근해 격파를 시도해야 했다. 개개인의 용기는 결코 부족하지 않았지만, 이러한 전술은 엄청난 인명피해를 낳았다.

공수부대의 증편

그달 말, 소련군은 제7공수사단의 거점에 공세를 펼쳤다. 소련군은 대규모 포병 탄막사격에 이어 보병 및 전차부대의 합동 공격을 펼쳤지만 독일 공수부대의 방어선을 돌파하는 데는 실패했다. 공격이 잦아들자, 리하르트 하이드리히 소장은 부하들을 방어선에서 빼도 좋다는 허가를 받았다. 남프랑스로 이동한 사단은 새로 편성된 제2낙하산사단과 합류했다. 양 사단은 제11공수군단을 구성했다. 제7공수사단은 제1낙하산사단으로 부대명이 바뀌었다. 1943년 7월에 동부전선에서 싸우고 있던 기존

111

<위> 이 공수부대원의 얼굴에는 전투의 긴장이 깊이 새겨져 있다. 1943년 말, 독일 육군은 동부전선에서 전략적 열세에 처해 있었고, 낙하산사단들은 계속하여 위기를 맞이했다. 예를 들어 1943년 11월에 제2낙하산사단은 소련군이 지토미르로 진격해오는 것을 막으려 했고, 12월에는 키로보그라드의 방어선을 위협하는 붉은 군대를 막아내기 위해 공수되었다.

<아래> 이 사진 속에서 흥미로운 것은 왼쪽 공수부대원 왼손에 있는 3킬로그램짜리 하프트홀라둥(Haftholladung) 자기대전차폭탄(magnetic anti-tank charge)이다. 근접전에서 전차구축보병부대가 사용했던 이 폭탄은 3개의 강력한 자석을 갖고 있어 전차 표면에 부착할 수 있었다. 폭발하면 두께 140밀리미터의 장갑도 파괴할 수 있었지만, 전차에 이것을 부착하려면 대단한 강심장이 필요했다.

공수부대원들과 소련군 포로 사상적으로 보다 철저하게 세뇌되고 동기부여가 된 무장친위대와는 달리 공수부대는 대부분의 경우 적군 포로에 가혹행위를 가하지 않았다. 예를 들어 1942년 11월, 제5공수연대는 생포한 영국군 공수부대 포로들을 후하게 대우했으며, 연대장인 발터 코흐 중령은 다른 추축국 병사들이 포로들을 죽이지 못하게 했다. 이것으로 미루어 공수부대의 민간인들에 대한 보복은 명령 하에서 일어난 일임을 알 수 있다.

전투가 잠잠해진 틈을 타 짬을 내어 담배를 피우는 시간 1943년 12월과 1944년 1월 사이의 키로보그라드 근교 전투에서 제2낙하산사단의 전력은 소련군의 진격 앞에 반으로 줄어버렸다. 제5낙하산연대의 2대대는 괴멸당했고, 제2·5·7낙하산연대도 큰 손실을 입었다. 3월에 이 구역에서 사투가 다시 시작되었고, 2개월간 계속된 전투 끝에 결국 사단은 서쪽으로 후퇴했다. 완전히 만신창이가 된 사단은 5월 말에 독일에서 휴양과 재정비를 실시했고 두 번 다시 동부전선으로 가지 않았다.

전쟁이 계속됨에 따라, 특히 동부전선에서 공수부대는 통상적인 보병부대로서 운용되었으며 철모 위장에 다양한 방법을 사용했다. 위장은 부대별 또는 개인별로 실시했다. 공수부대원들이 사용한 비공식적인 헬멧 위장법에는 그물치기, 철사 엮기, 도색하기 등이 있다.

의 모든 공수부대는 재정비를 위해 본국으로 소환되었다. 그러나 소련에서의 전황이 악화되면서 그들이 동부전선에 다시 투입될 날도 멀지 않은 상태였다.

1943년, 후방에 있던 독일 공수부대는 양적인 면에서 커다란 발전을 이룩했다. 앞서 언급한 두 사단 이외에도 1943년 10월에는 제3낙하산사단이 창설되었으며, 11월에는 제4낙하산사단이 창설되었다. 그해 말에 쿠르스크 전투에서 지고 동부전선의 주도권을 빼앗긴 독일군에게는 신규 사단들이 필요했다.

1943년 11월 초, 제2낙하산사단은 동부전선으로 이동해 소련군이 지키고 있는 지토미르(Zhitomir) 근교에 거점을 구축하라는 명령을 받았다. 구스타프 빌케(Gustav

Wilke) 중장이 이끄는 이 부대는 1943년 11월 17일~27일 사이에 목적지에 도착했고, 제42군단에 배속되어 지토미르 동쪽에 배치되었다. 붉은 군대의 목표는 키예프(Kiev)를 탈환하고, 독일 제4기갑군을 분쇄하며, 드네프르(Dnieper) 서쪽의 통신 센터―여기에는 지토미르도 포함되어 있었다―들을 점령하여 결국에는 독일군 남부전선 전체를 괴멸시키는 것이었다. 12월에 붉은 군대는 독일군 방어선을 돌파한 후 드네스트르(Dniester)에 도달하기 위해 도시의 북동쪽에 대규모 부대를 집중시켰으나, 독일군도 소련군의 진격으로 생긴 틈들을 메워나갔다. 12월 15일, 제2낙하산사단은 키로보그라드(Kirovograd)로 공수되어 클린지(Klinzy)에 투입되었다. 이 부대는 제11기갑사단과 제286자주포여단의 지원을 받았다. 노브고로트카(Novgorodka) 부근과 인근 고지에서 격전이 벌어졌다. 12월 23일, 사단은 방어선을 안정시켰으나 많

눈보라가 치는 가운데 1개 대전차포반이 목표가 나타나기를 기다리고 있다. 동부전선에서 많은 공수부대원들이 적 전차 격파의 달인이 되었다. 제21낙하산전투공병연대장 루돌프 비트치히 소령과 그의 부대는 리투아니아의 쿠멜레(Kumele)에서 있었던 한 차례의 전투에서 27대의 소련 전차를 격파한 공로로 1944년 8월 8일에 독일 국방군 수훈 대상자가 되었다. 그 전투에서 공수부대원들은 대전차포 없이 자기흡착지뢰와 배낭형 폭탄만을 사용했다.

독일 공군의 혹한기용 양면 겹자락식 오버재킷과 바지는 매우 편안했다. 적어도 이 사진에 나온 동부전선 공수부대원들의 미소를 보면 말이다.

〈116쪽 위〉 독일 공수부대는 플라멘베르퍼 41(사진에 나온 것)과 함께 일회용 아인슈토스플라멘베르퍼(Einstossflammenwerfer) 46 화염방사기를 지급받았다. 1944년에 처음 사용된 이 무기는 공수부대의 근접전용 무기로 개발되었으며 단 0.5초 동안 27미터 거리까지 화염을 쏠 수 있는 양의 연료만 탑재하고 있었다. 그러나 이 시점에서 이런 공수형 무기에 대한 수요는 그리 많지 않았다.
〈116쪽 아래〉 1944년이 저물어갈 무렵, 서부로 가는 차에 오르다. 1944년 말과 1945년 초의 동부전선의 붕괴에도 불구하고 공수부대의 사기와 전투력은 여전히 높았다. 치열한 전투를 거쳤음에도 제9낙하산사단에는 1945년 4월 8일부로 11,600명의 병력이 있었고, 제10낙하산사단에는 그해 4월 17일부로 10,700명의 병력이 있었다.

은 사상자를 냈다.

1944년 1월 초, 붉은 군대는 많은 병력으로 제2낙하산사단에 대해 공세를 재개했다. 제5연대 2대대는 괴멸당했고, 1월 6일 제2·5·7연대는 붉은 군대에게 밀려 노브고로트카로 후퇴했다. 공수부대는 키로보그라드 근교에 거점을 마련하고 적의 다음 공격을 기다렸다. 3월에는 키예프 근교의 소련군이 남쪽으로 치고 들어와 제2 낙하산연대의 거점에 접근했다. 3월 마지막 주에 공수부대는 부그(Bug) 강을 건너 후퇴하여 강 서편에 방어선을 구축해야 했다. 그러나 그들은 그 후에도 계속 후퇴했고, 5월에는 드네프르 강까지 밀려났다. 그들은 격전을 치르면서 많은 병력을 잃었고, 5월 말에 휴양과 재정비를 실시하기 위해 독일로 이동했다. 이후 제2낙하산사단은 동부전선으로 다시는 돌아오지 않았다.

그밖에 1944년에 동부전선 전투에 투입된 유일한 공수부대는 에벤 에마엘 요새의 영웅 루돌프 비트치히 소령이 이끄는 제21낙하산전투공병대대였다. 1944년 중반, 중부집단군은 붉은 군대의 '바그라치온(Bagration)' 대공세 앞에 무너지고 있었고, 7월에 소련군은 발트 해로 접근하고 있었다. 1944년 7월 25일, 비트치히의 공병대원들은 리투아니아의 두나부르크(Dunaburg)와 코브노(Kovno)를 잇는 길에 포진하고 있었다. 다음날, 소련 전차들이 보병과 포병의 지원을 받으며 공격해왔다. 공병대원들은 영웅적인 전투를 벌였지만 포위당했으며, 비트치히는 독일군 주방어선을 후퇴시킬 수밖에 없었다. 비트치히의 대대는 1944년 10월까지 동부전선에 머물렀으나 전투 중 큰 타격을 입고 거의 괴멸당해 해체되었으며, 생존자들은 다른 공수부대로 전출되었다.

1945년 초, 붉은 군대는 동부전선의 승리를 향한 최후의 일격을 가하려 하고 있었다. 독일 국방군은 이 마지막 전역을 위해 마지막 예비대까지 긁어모았으나, 이미 이 당시에는 많은 부대들이 심각한 인원 및 장비 부족에 시달리고 있었다. 예를 들어 새로이 육성된 제9·10낙하산사단만 해도 전력이 심각하게 부족한 상태였다. 제9낙하산사단은 발트 해 연안 슈테틴(Stettin) 외곽에 배치되었는데, 그곳은 4월에 소련군의 오데르(Oder) 강 서안교두보로 바뀌어 버렸다. 4월 16일, 제9낙하산사단은 소련군의 맹렬한 포화에 휩싸였으며, 그때부터 예하 부대들이 와해되기 시작했다. 제27연대의 2대대와 제26연대의 3대대는 전멸했으며, 사단의 잔존병력들은 후퇴했으나 결국 소련 전차부대에 제압당했다.

1945년 4월 말, 붉은 군대는 베를린을 포위했다. 시내로 밀려들어간 제9낙하산

지저분한 양면 동계복과 어깨에 걸친 MG-42 기관총, 목에 건 7.92밀리미터 탄대, 벨트 안에 찔러넣은 봉형수류탄, 동부전선의 마지막 겨울에 볼 수 있던 공수부대원의 전형적인 모습이다.

사단의 잔존병력들은 총통 방공호와 주변의 관청들을 방어했다. 베를린이 항복했을 때 사단의 생존자들은 소련군의 포로가 되었다.

　제10낙하산사단은 1945년 4월 초에 남부 오스트리아로 파견되었다가 위기를 맞았다. 소련군 병력들이 헝가리를 지나 쇄도해오자, 독일 남부집단군은 증원군이 절박하게 필요했다. 4월 3일, 제10낙하산사단의 선도부대들이 그라츠(Graz)에 도달했다. 펠트바흐(Feldbach) 마을 주변에 참호를 판 공수부대는 보병용 대전차화기와 88밀리미터 포로 T-34 전차를 저지했다. 그러나 인명피해는 막심했고 낙하산포병대대는 전멸당했다.

4월 27일, 비록 제30연대가 다뉴브 계곡을 지키고 있었지만, 제10낙하산사단의 주력은 방어선에서 밀려나 주데텐란트(Sudetenland)의 브루엔(Bruenn)까지 철도로 이동했고 제18군의 잔존병력과 합류했다. 제10낙하산사단의 잔존병력들은 브루엔 북부에서 전멸당한다. 제30연대는 미군에 항복했으나 얼마 못 가 소련군에 인도되었다. 동부전선에서 독일 공수부대의 전투는 이렇게 끝났다.

6

북아프리카 | 사막의 사냥꾼들

북아프리카 전투에서 공수부대의 공헌은 크지 않았지만, 이 전역의 후반에 그들은 튀니지에서 압도적인 전력을 가진 적과 맞서면서도 완패하지는 않았다. 1943년 5월, 북아프리카에서 추축국의 전쟁수행능력이 붕괴되었을 때 많은 공수부대원이 탈출하지 못한 채 여합군의 포로가 되었다.

크레타 전투에서 입은 막심한 인명피해로 히틀러는 대규모 공수

작전에 대한 자신감을 잃고 몰타 섬 공격계획인 '헤라클레스' 작전을 포기한다. 작전이 실행되지 않은 이유 중에는 이 작전의 준비와 실행을 이탈리아에서 해야 한다는 점도 있었다. 1942년 당시, 총통은 이탈리아군의 실력을 거의 믿지 못했다. 게다가 그는 적이 이 작전계획을 이미 간파했고, 따라서 기습의 효과도 사라졌다고 생각하고 있었다.

헤라클레스 작전에 대한 최고사령부의 염려와는 달리, 공수부대는 이 작전에 자신이 있었고 몰타 섬 공격부대를 조직하기까지 했다. 공군 소장 베른하르트 헤르만 람케(Bernhard Hermann Ramke)가 이끄는 이른바 '람케 공수여단'은 예하에 크로 대

북아프리카에서 사막용 독일 공군 저트복을 입고 경계근무 줄인 공수부대 초병 독일 공군은 사막용 전투복의 색상을 카키브라운(Khakibrun)이라고 불렀으나 실제로는 매우 밝은 황갈색에 가까웠다. 초병의 탄띠는 청회색이며 헬멧 커버는 얼룩무늬로 위장했다.

1943년 중반, 튀니지에서 너무 많은 인원이 탄 모터사이클과 사이드카(sidecar) 왼팔에 날개 2개와 막대기 1개의 계급장을 단 사람은 중위(공군)이다.

대(제2공수연대 1대대를 기간으로 편성), 휘브너(Hübner) 대대(제5공수연대 2대대를 기간으로 편성), 부르크하르트(Burckhardt) 대대(공수 시범대대를 기간으로 편성)를 거느리고 있었으며, 그 외에도 새로 편성된 폰 데어 하이테 대대, 포병대대(제7공수사단 포병연대의 2대대를 기간으로 편성), 대전차중대, 통신중대, 전투공병중대를 갖추고 있었다. 훈련은 신속히 진행되었으며, 공수부대원들은 신형 장비를 지급받기 시작했다. 우선 구경감소포신(tapered bore—포구로 갈수록 좁아지는 형태의 포신으로 관통력이 뛰어났다—옮긴이)을 통해 포탄을 발사하며 기존의 37밀리미터 포에 비해 훨씬 성능이 우수한 48밀리미터 대전차포가 지급되었으나, 북아프리카의 영국군 전차를 상대하기에는 여전히 역부족이어서 1943년에 생산을 중지하고 만다. 그보다 더욱 유용하게 쓰였던 것은 판처부르프미네(Panzerwurfmine: 자기대전차지뢰)로서 근접전에서 적 전차를 상대하는 데 쓰이는 특수병기였다. 이 무기는 훗날 판처파우스트(Panzer-

람케 공수여단장 베른하르트 헤르만 람케 소장 1942년 10월, 엘 알라메인 전투 이후 차량이 부족했던 그의 부대는 사실상 버려졌다. 그러나 람케(맨 왼쪽)와 그의 부하들은 서쪽으로 탈출하여, 퇴각하는 롬멜의 부대와 연계하기로 결정한다. 영국군 수송대를 포획한 이들은 11월 7일 아프리카 군단과 만나는 데 성공한다. 롬멜 휘하의 기갑부대 지휘관이던 한스 폰 루크(Hans von Luck) 대령은 이 사건을 이렇게 기록했다. "람케 장군은 정찰차를 타고 우리 부대에 도착했다. 그는 수척해보였으나 즉시 롬멜 장군을 만나게 해달라고 요구했다. 정예부대인 그의 공수부대는 위험한 시간을 보냈다. 탈진한 람케 부대원들이 사막을 건너 우리에게 오던 그 장면을 나는 영원히 잊지 못할 것이다. 짐을 실을 수 있는 수송수단이 거의 없었기 때문에 그들은 병기와 식수를 제외한 모든 것을 버리고 왔다. 그러나 그들의 사기는 놀라울 만큼 높았다." 원래 4,000명이던 이 여단의 병력은 약 600명으로 줄어 있었다.

faust) 대전차유탄발사기로 대체된다. 지멘스 할스케(Siemens Halske) 사는 몰타 작전을 위해 병사 한 사람이 손쉽게 휴대할 수 있는 무건기도 개발했는데, 통달거리는 288킬로미터이며 배터리 지속시간은 6시간이었다.

공수부대, 북아프리카에 배치되다

그러나 몰타 섬 강하는 결코 실현되지 않았고, 그 대신 람케 공수여단은 1942년 7월 북아프리카의 추축군을 지원하기 위해 파견된다. 당시 롬멜 원수는 가잘라(Gazala) 전투(5월 28일~6월 13일)에서 영국 제8군 기갑부대를 쳐부수고, 토브룩(Tobruk) 항구를 점령(6월 21일)하여 성공의 정점에 서 있었다. 그 후 그는 이집트를 침공하여 영국군을 알라메인 협곡에 밀어넣었다. 그러나 7월이 되자 그의 진격은 멈추었다. 아프리카 군단의 붕괴를 막으려면 영국 제8군을 격멸해야 했는데, 그러기에는 보급이 항상 문제였다

토브룩 항구는 실망스럽게도 하루에 610톤의 물자밖에 하역하지 못했다. 게다가 8월 초의 영국군의 공습으로 그 능력은 크게 약해졌고, 영국 해군과 공군은 추축군의 군수물자를 실은 수송선들이 항구에 닿기 전에 요격하여 침몰시켰다. 8월 1일부터 20일까지 추축군이 북아프리카에 성공적으로 군수물자를 양륙한 것은 두 번뿐이었다. 그것은 9월 말까지 독일군 부대에 병사 1만 6,000명과 전차 210대, 기타 차량 1,600대가 부족하게 된다는 의미였다. 람케 여단의 병력은 4,000명이었고 7월과 8월 사이에 독일 공군 병력 1만 1,000명이 Ju-52로 공수되었지만, 이들은 중장비와

1942년 9월의 람케 여단 대원
이 여단은 크로 대대(제2공수연대 1대대), 폰 데어 하이테 대대(제3공수연대 1대대), 휘브너 대대(제5공수연대 2대대), 부르크하르트 대대(제11공수군단 공수훈련연대) 등의 4개 전투부대와 기타 지원부대로 구성되어 있었다. 공수부대는 사막의 열기 속에서 고된 나날을 보내야 했으며, 곧 불충분한 식수, 식량, 의료지원으로 인해 사령부에 대해 불평을 하게 된다.

1942년 11월, 엘 알라메인 전투가 끝난 후 후퇴하는 독일군을 추격하고 있는 **영국군** 람케 여단은 비록 포위를 뚫고 탈출했지만, 인내심이 거의 한계에 이르고 있었다. 일사병, 말라리아, 이질로 죽는 이들이 많았으며, 다수의 공수부대원들이 치료를 위해 독일 본국으로 후송되어야 했다.

대포, 병력수송장갑차, 전차, 탄약 등을 충분히 공급받지 못했다. 오히려 그들 때문에 그러잖아도 부족했던 필수 보급품이 더욱 부족해졌다.

버나드 몽고메리(Bernard Montgomery) 중장이 이끄는 영국 제8군은 그 반대 상황에 있었다. 8월 한 달 동안 영국 제8군은 전차 386대, 포 446문, 차량 6,600대, 각종 보급품 7만 3,200톤을 지급받았다. 롬멜은 불리한 입장에 놓이게 되었다. 그는 영국군이 압도적인 전력을 믿고 공격해오기를 기다리든지, 가급적 빨리 선제공격을 기하든기 둘 중 하나를 선택해야 했다. 9월까지는 그에게 기회가 있었다. 그 이후 전력의 우위는 크게 역전되었고, 롬멜이 공격할 기회는 사라졌다.

〈위〉 튀니지에서 부상당한 공수부대원 1942년 11월 북아프리카에 미군이 상륙한 이후, 독일군은 튀니지에 병력을 쏟아붓기 시작했다. 여기에는 발터 코흐 소령 휘하에 있는 제5공수연대의 소부대와 루돌프 비트치히 소령 휘하의 제11공수전투공병대가 포함되어 있었다. 코흐는 1942년 3월 11일에 제5공수연대장이 되었으며 4월 20일 중령으로 진급했다.

〈아래〉 베른하르트 람케가 튀니지에서 공수부대 하사관에게 훈장을 수여하고 있다. 두 사람 모두 사막용 전투복을 입고 있으며, 하사관은 소매를 접어올린 긴소매 상의를 입고 있다. 1942년 2월 14일, 독일 공군은 열대 지역에 배치된 공군 및 공수부대 병력에 대한 지급품을 다음과 같이 규정했다. 목 보호대가 달린 사막용 야전모 1개, 사막용 튜닉(tunic) 1벌, 사막용 긴바지 2벌, 사막용 긴소매 상의 2벌, 사막용 조끼 3벌, 사막용 팬티 3벌, 사막용 넥타이 2개, 사막용 목 땀받이 2개, 전투화 2켤레.

롬멜의 계획은 본대가 양동공격을 펼치는 동안 기갑부대는 남쪽으로 영국군 진지를 우회한 뒤 북쪽으로 선회하여 해안까지 진격함으로써 엘 알라메인의 적을 포위하는 것이었다. 람케 여단도 이 작전의 일부를 담당했는데, 그들은 이탈리아의 폴고레(Folgore) 공수사단과 함께 알렉산드리아(Alexandria)와 카이로(Cairo)에서 나일(Nile) 강의 다리를 점령하는 임무를 맡았다.

엘 알라메인을 돌파하려는 롬멜의 시도로 알람 할파(Alam Halfa) 전투(8월 31일~9월 7일)가 벌어졌다. 여기서 롬멜의 기갑부대는 연료 부족과 영국 제8군 신임사령관 버나드 몽고메리의 새로운 전술 때문에 패배했다. 나일 강에서의 낙하산 강하는

튀니지에서 신분증을 검사하고 있는 공수부대 야전헌병 목에 건 것은 육군 독수리 문양이 새겨진 육군 헌병 목걸이이다. 반달형의 금속판과 목에 거는 사슬은 무광은색으로 표면처리를 했고, 그 위의 양각 표시는 암회색이다. 표식에 적힌 문자 'Feldgendamarie(야전헌병)', 독수리, 스바스티카 문장, 조약돌 모양의 돌기는 야광 페인트로 표면처리를 했다. 독일군 헌병은 각 독일군 부대의 후방 혹은 점령지의 나치 구역(Nazi zone)에서 활동했다.

지중해 상공을 나는 Ju-52 기내에서 불안한 듯한 표정을 짓고 있는 병사들　그들의 염려는 충분히 이해가 가고도 남는다. 1943년 1월~3월에 북아프리카에 주둔하는 연합군 공군은 항공기를 대규모로 증원받아 전력이 강해지고 있었다. 독일군 수송기에 대한 공격 빈도도 증가하면서 독일군은 많은 피해를 입었다. Ju-52가 장비한 방어무장은 13밀리미터 기관총 1정과 7.92밀리미터 기관총 2정으로 연합군 전투기를 격퇴하기에는 화력이 턱없이 부족했다.

없었으며, 독일 공수부대는 롬멜이 추진하던 이 작전에 참가하지 못했다.

　　10월 말에 람케 여단은 한스 슈투메(Hans Stumme) 장군이 지휘(롬멜은 병에 걸려 독일로 후송되었다)하는 아프리카 군단의 일원으로 추축군 우익에 배치되어 다가올 영국군의 공세에 대비하고 있었다. 10월 23일, 영국군의 포 1,000문이 불을 뿜으면서 제2차 엘 알라메인 전투가 시작되었다. 추축군은 노련했고 결의에 차 있었지만 몽고메리에게는 압도적으로 많은 전차와 병력이 있었고, 결정적으로 추축군에게는 연료가 부족했다. 이탈리아군과 독일군의 기갑전력은 소진되고 있었는데, 한 예로

11월 2일에 사용이 가능했던 독일 전차는 35대에 불과했다. 롬멜이 유럽에서 돌아왔을 때 아프리카 군단의 연료와 전차는 거의 모두 소진된 상태였고, 롬멜은 후퇴를 결정할 수밖에 없었다. 이 전투가 시작될 당시 그에게는 병사 10만 4,000명과 전차 500대, 포 1,200문이 있었으나, 전투가 끝났을 때는 5만 9,000명이 전사하거나 부상을 당했고 일부는 포로가 되었다. 전차는 거의 전부 손실되었고, 포도 400문이나 잃었나. 람게의 병사들도 격진에 휘말렸다가 후퇴명령이 떨어진 후 사실상 저진에 버려졌다. 실제로 추축군 보병부대 중 수송용 차량을 확보하지 못한 부대는 모두 영국 제8군에게 순식간에 추월당했다. 람케 여단 역시 보유한 수송수단이 없었지만 항복 대신 돌파를 선택했다. 탈출 과정에서 450명이 전사했으나, 여단은 영국군 수송대를 포획하는 데 성공하여 트럭과 보급품을 얻을 수 있었다. 기가 막히게 운이 좋았고,

1943년 초, 튀니지 영공으로 진입하는 Ju-52들 제5공수연대 소속이던 에르빈 바우어(Erwin Bauer)도 이들 수송기를 타고 왔다. "우리는 사막용 전투복을 지급받고 낙하산을 포장했다. 1942년 9일 혹은 10일쯤에 우리 부대는 70여대의 융커스기를 타고 튀니스로 향했다." 북아프리카에서 복무했던 또 다른 공수부대원인 본(Bohn) 이병은 당시 증가하던 연합군의 공군력을 실제로 목격했다. "우리는 튀니지에 내리자마자 영국 항공기에게 폭격을 당했다."

튀니지 교두보 상공을 날고 있는 Ju-52들 1943년 3월 말, 독일의 아프리카 집단군에게 닥친 문제는 두 가지였다. 첫째, 미국과 영국의 해상 및 항공 봉쇄부대가 추축군 보급로의 목을 죄면서 독일 튀니스 항공군단의 입지가 꾸준히 약화되고 있었다. 4월 중순, 연합군 전투초계기와 폭격기의 대규모 공습으로 몇 안 남은 비행장들이 파괴되면서 북아프리카의 독일 공군은 전투력을 거의 완전히 상실한 상태였다. 둘째, 항공보급로 확보가 극도로 어려웠다. 아프리카 집단군 사령관 폰 아르님은 3월 29일에 이렇게 불만을 털어놓았다. "보급 체계는 완전히 무너졌다. 탄약은 하루나 이틀 쓸 양밖에 없고 대구경 곡사포용 포탄은 재고가 아예 없다. 연료 사정도 마찬가지다. 대규모 부대 이동은 더 이상 불가능하다."

덕분에 람케 여단의 잔존병력 600명은 힘겹게 사막을 건너 아프리카 군단에 합류할 수 있었다.

　모로코, 알제리, 튀니지를 공격해 앞으로 펼쳐질 대 추축군 작전들의 기지로 삼으려는 연합군의 '토치(Torch)' 상륙작전은 1942년 11월 8일에 실시되었다. 이에 대응하여 히틀러는 튀니지에 항공편으로 병력을 파견한다(11월 17일부터 12월 말까지 하루 1,000명씩 공수되었다). 그것은 상대적으로 적은 병력이었으나, 북아프리카에 상류한 후 2주 반 만에 튀니스(Tunis)까지 진격한 연합군 제1군의 선도부대를 저지하는 데는 충분했다. 그 결과 비제르타(Bizerta) 및 튀니스 일대의 산악지대에서 5개월 동안 교착 상태가 이어졌다.

이 증원부대에는 에벤 에마엘 요새의 영웅 발터 코흐 소령의 제5공수연대 예하에 있는 1대대와 3대대도 있었다. 그들은 튀니스로 날아가 비행장과 도시 서쪽 및 남쪽 방어거점을 지켰다(그러나 코흐는 병에 걸려 독일 본토의 병원으로 후송되었다). 루돌프 비트치히 소령의 제11공수전투공병대대가 제5공수연대의 뒤를 이어 튀니스에 도착했다. 이 부대는 3개 전투공병중대(각 중대는 3개 소대와 1개 기관총분대로 구성되었다)와 통신소대로 구성된 공수경공병대대였다. 1942년에 처음으로 편성된 이 부

튀니지로 가는 공수부대원들 수상비행 시에는 케이폭(kapok) 솜이 든 구명조끼를 입었다. 오른쪽 사람이 입은 구명조끼는 1943년부터 사용되었으며, 등 부분의 케이폭 튜브를 제거한 변형 모델이다.

녹색 계열의 얼룩위장무늬 점프 스목을 입고 공군용 열대 전투모를 쓴 튀니지의 공수부대원들 공군용 열대 전투모의 정면 상단에는 공군 국가문장이 달려 있고, 그 아래에는 흑색, 백색, 적색의 원이 3중으로 동심원을 이룬 모표가 달려 있다. 왼쪽 다리에 대형 지도를 넣을 수 있는 주머니가 달린 사막용 바지는 공수부대원들에게 인기가 좋았다. 한때 황갈색 점프 스목이 지급했다는 설도 있는데, 그 증거는 거의 없으며 지급했더라도 비공식 지급품이었을 가능성이 높다.

대가 아프리카에 도착할 당시 병력은 716명이었다. 이 부대는 연합군 진격로의 정면, 즉 튀니스 서쪽에 배치되었다. 11월 17일, 이 대대가 연합군 선도부대와 첫 교전을 벌이면서 일련의 전투들이 펼쳐졌다.

이후 며칠 동안 서서히 증강된 비트치히의 부대는 예비대가 되어 방어선에서 빠져나갔다. 그의 부대원 중 일부는 특수전 훈련 과정을 이수한 후 석 선선 후방에 삼입하여 정찰 및 정보수집 임무를 수행했다. 공수부대는 이들을 통해 얻은 정보를 가지고 북아프리카에서의 마지막 공수작전을 실시하게 된다.

제11공수전투공병대대 3중대 인원들이 이 작전을 위해 선발되어 즉시 훈련에 들어갔다. 목표는 연합군 후방의 수크 엘 아르바(Souk el Arba) 및 수크 엘 아라스(Souk el Ahras) 구역에 있는 비행장과 다리들이었다. 연합군은 이곳을 통해 튀니스 공격에 필요한 보급품과 증원 병력을 전방으로 보내고 있었다. 그곳에 공수작전을 펼치자는 주장은 군인답고 용감한 것이었지만 실제 작전 결과는 재앙이었다.

1942년 12월 초, 튀니스 외곽의 여러 비행장에서 Ju-52 항공기들이 이륙했다. 춥고 바람부는 날씨에 달도 뜨지 않았다. 항공기 조종사들이 경험이 부족한데다 훈련도 제대로 받지 못했기 때문에, 공수부대원들은 목표에서 멀리 떨어진 곳에 착지했다. 이것은 그들이 먼 거리를 걸어서 이동해야 한다는 것을 의미했지만, 실제로 그들은 목표에 전혀 도착하지 못했다. 착지하자마자 영국군 순찰대에게 포위당한 것이다. 며칠 사이에 독일 전투공병들은 모두 포로가 되었고, 그 중 상당수는 일사병에 걸린 상태였다. 연합군의 튀니스 진격을 막기 위해 실시한 이 공수작전은 대실패로 끝났다(튀니지 함락 이후, 제11공수전투공병대대는 북아프리카 전선의 생존자들을 기간으로 재창설되어 제21공수전투공병연대로 증편되었고, 1944년과 1945년에 동부전선과 서부전선에서 싸웠다).

또 한 번의 공수작전 실패

이 공수작전의 실패에도 불구하고 최고사령부는 단념하지 않고 며칠 후 또 다른 공

1943년 초, 튀니지에서 촬영된 이 공수부대원들은 수색부대 소속이며 모터사이클 운전병용 표준형 방수 코트를 입고 있다. 연합군은 인적 및 물적 자원에서 우세했고 특히 제공권을 확보하고 있었기 때문에, 독일군의 지상 이동은 매우 위험했고 그 과정에서 많은 병력을 잃었다. 그러나 공수부대는 기회가 되는 한 항상 공격했으며 그로 인한 손실도 막대했다. 예를 들어 제5공수연대 1대대는 보우 아라다(Bou Arada) 인근에서 일련의 전투를 벌였는데, 인명피해가 엄청나서 30명까지 인원이 줄어든 중대(정원은 170명)도 여럿 있었다.

수작전을 시도한다. 1942년 12월 26일의 이 작전은 글라이더를 사용해 시도되었고, 브란덴부르크 연대의 공수중대 병력은 영국군 보급로상의 다리를 폭파하기 위해 글라이더에 탑승했다. 이 작전도 대실패로 끝났다. 일부 글라이더들은 적진을 넘다가 격추당해버렸고, 나머지는 목표로 접근하던 중 격추당했다. 투입된 인원들 중 거의 대부분이 전사했다.

1943년 초, 튀니지의 추축군 거점은 위험한 상황에 있었다. 서쪽에서는 영국 제1군과 미국 제2군단이 위르겐 폰 아르님(Jürgen von Arnim) 상급대장의 제5기갑군을

튀니스에서 길을 묻고 있는 공수부대 모터사이클 팀 사진에 나온 BMW 750cc 모터사이클은 대개 사단의 수색중대에 배치되었다. 1943년 3월 말, 공수부대는 튀니지로 향하는 연합군의 진격을 둔화시키려 하다가 큰 인명손실을 입었다. 당시 전투에 참여했던 파이겔(Feigel) 하사의 다음과 같은 경험은 일상적인 것이었다. "1943년 3월 28일, 우리는 굴참나무 숲속에 전개하여 지뢰를 매설하라는 명령을 받았다. 그 임무를 수행하고 있을 때 영국군이 우리 거점에 맹포격을 가했다. 지옥 같은 포격은 1시간이나 계속되었고 많은 사상자가 났다."

위협하고 있었다. 롬멜의 아프리카 기갑군은 이집트에서 성공적으로 철수하여 마레스(Mareth)의 방어거점을 지키고 있었는데, 좌측으로는 가베스 만(Gulf of Gabes), 우측으로는 통과가 거의 불가능한 염호(鹽湖) 제리드(Chott Djerid)를 끼고 있었다. 롬멜은 카세린(Kasserine)에서 미국 제2군단을(2월 14~22일), 폰 아르님은 튀니지 북부에서 영국 제1군의 거점을 공격하여 얼마간의 시간을 벌었으나 3월 초에 롬멜의 부대는 격퇴당해 마레스 전방까지 쫓겨났고, 그 직후 롬멜은 지병으로 인해 아프리카

튀니지 작전 마지막 날의 급박한 회의 1943년 4월 초, 추축군 부대는 전면적인 퇴각을 실시하고 있었다. 공수부대들이 연합군 기갑부대에게 포위당하는 일이 자주 일어났으며 많은 병사들이 포로가 되었다. 공수부대원들에게 탄약이 극도로 부족했다는 것이 상황을 더 어렵게 했다. 4월 27일, 튀니스 구역의 마지막 전투에서 제5공수연대는 300명 이상의 사상자를 냈다.

를 떠났다. 이후 독일군은 마레스 전투(3월 20일~26일)에서 패배한다.

추축군, 특히 공수부대는 싸움을 끈질기게 계속했다. 전사한 공수부대원의 묘지가 있던 메제즈 엘 바브(Medjez el Bab)와 테부르바(Tebourba)에서 격전이 벌어졌다. 그러나 연합군의 진격을 막기에는 역부족이었다. 증원병력은 여전히 튀니지로 공수되었는데, 그 중에는 바렌틴(Barenthin) 공수연대도 있었다. 이 부대는 여러 부대에서 차출된 인원으로 3개 대대와 지원 부대를 편성한 임시 편성부대였다. 이 부대의 지휘관인 발터 바렌틴(Walter Barenthin) 대령은 베테랑 공수공병이었으며, 따라서

1943년 1월 15일에 제정된 아프리카 수장 이것은 아프리카 전선에서 6개월 이상 복무한 사람에게 수여했다. 황갈색 띠 위에 'AFRIKA' 라는 로마자를 적었고 그 양 옆에 은회색 면실로 야자나무를 수놓았다.

부대 구성원들 중 상당수 역시 공병 출신이었던 듯하다. 튀니지에 도착한 이후, 이 부대는 만토이펠(Manteuffel) 사단에 배속되었다.

1943년 5월, 연합군이 추축군 방어선에 맹공을 가하면서 튀니지에서의 마지막 전투가 벌어졌다. 비제르타 호수의 남쪽과 북쪽에서는 미국 제2군단이, 메제즈 엘 바브의 동쪽에서는 영국 제1군이 쳐들어왔다. 폰 아르님은 예하의 모든 예비대와 공군 병력에게 시칠리아(Sicily)로 철수할 것을 명령했고, 이에 따라 연합군의 공격은 더 이상 막을 수 없었다. 5월 7일, 연합군 부대가 튀니스에 진입했고 프랑스군과 영국군은 이탈리아 제1군을 포위했다. 추축군 부대들은 잇달아 항복했고, 작전이 종료된 5월 13일에는 27만 5,000명이 포로로 잡혔다. 람케 여단, 바렌틴 연대, 제11공수 전투공병대대의 인원 거의 대부분이 포로가 되었다. 람케와 비트치히, 코흐 등 공수부대 고급 지휘관들은 항복 직전 항공기 편으로 튀니지를 탈출했다. 크게 볼 때 공수부대원 수백 명이라는 손실은 미미한 것이었다. 독일 국방군은 북아프리카에서 1개 집단군을 잃어버렸던 것이다. 그것은 스탈린그라드 이후 독일이 맞은 최대의 군사적 재앙이었다. 이로써 히틀러의 남부전선은 시칠리아와 이탈리아로 옮겨졌다.

7

이탈리아 (1) ─ 연합군의 예봉을 꺾다

추축국의 일원인 이탈리아가 흔들리기 시작하다가 1943년 가을에 결국 무너져버리자 히틀러는 독일의 남쪽을 지키기 위해 더욱더 많은 병력과 물자를 보내야 했다. 여기에는 제1낙하산사단과 제4낙하산사단도 포함되어 있었는데 그들은 시칠리아와 이탈리아 본토 방어전에서 용맹을 떨쳤다.

아프리카 전역이 끝나기 전, 미국 대통령 프랭클린 D. 루즈벨트(Franklin
D. Roosevelt)와 영국 수상 윈스턴 처칠(Winston Churchill)은 모로코의 카사블랑카
(Casablanca)에서 만나 앞으로의 군사전략을 의논했다. 그들은 시칠리아를 다음 표
적으로 삼는 데 동의했다. 물론 그것은 양측이 각각 최고의 전략이라고 주장했던 것
과는 거리가 있었고, 영국과 미국 전략가들이 서로 양보한 결과로 나온 것이었다.
지중해 지역에 오랫동안 정치적 · 전략적 이해관계를 갖고 있던 영국은 시칠리아 점
령을 통해 동지중해로 이어지는 연합군 해상 수송로를 다시 열고, 해당 지역에 추가
공세를 벌이기 위한 기지를 확보하며, 전쟁에 지친 이탈리아인들이 전열에서 이탈
하도록 동기를 부여할 수도 있을 것이라고 생각했다.

1943년 말, 남부 이탈리아에서 젊은 공수부대원이 독일군 거점에 폭탄을 투하하기 위해 날아가는 연합군 항공기를 보고 있다. 이
른바 '유럽의 급소'로 불리는 이탈리아 본토 전투에서 독일군 사상자는 53만 6,000명, 연합군 사상자는 31만 2,000명이었다.

쿠르트 슈투덴트 대장이 시칠리아에서 공수부대를 사열하고 있다. 그는 왼쪽 가슴에는 제1차 세계대전 중에 받은 1급 철십자 훈장을, 목에는 기사십자훈장을 달고 있다.

　　육군참모총장 조지 C. 마샬(George C. Marshall) 장군이 이끄는 미국측 전략가들은 독일을 직접 공격하길 원했고, 특히 영국 해협을 건너가 공격하는 전략을 선호했다. 그러나 두 연합국 지도자들은 모두 독일이 소련 전선에 집중하지 못하게 하고, 북아프리카 전역에서 곧 거둘 승리의 여세를 계속 몰고 나가고 싶어했다. 또한 지중해에서 작전을 펼치면 아프리카 전역을 끝낸 대규모 인원과 물자를 활용할 수 있다는 점 또한 매력적이고 합리적으로 느껴졌다. 카사블랑카 회담에서는 그리스, 발칸반도, 크레타, 사르디니아(Sardinia) 등의 후보지가 논의된 끝에 시칠리아를 대 추축국 항쟁의 다음 무대로 삼는다는 전략이 최종 결정되었다.

　　드와이트 D. 아이젠하워(Dwight D. Eisenhower) 장군이 시칠리아 공격작전인 '허스키(Husky)' 작전의 연합군 최고사령관에 임명되었으며, 영국 육군대장 해롤드 알렉산더 경(Sir Harold Alexander)이 부사령관 겸 연합 상륙군 사령관으로 임명되었

이들 배고픈 공수부대원들은 북아프리카에서 추축군이 괴멸할 때 튀니지를 떠나 시칠리아로 도망쳐온 운 좋은 인원들이다. 제1낙하산사단의 첫 소부대들이 이 섬에 도착한 것은 1943년 7월 12일이었다. 며칠 후, 같은 사단의 제1낙하산대전차대대 1·5·6중대가 도착했다.

시칠리아 섬에 대한 연합군 상륙 작전인 허스키 작전에는 총 2,590척의 함정이 공격에 참가했고, 상륙 후 38일 동안 50만 명의 연합군 육해공군 장병들이 이 섬을 빼앗으려고 싸웠다.

다. 알렉산더의 제15집단군에는 조지 S. 패튼(George S. Patton) 중장의 미국 제7군과 아프리카 전선의 베테랑 부대이며 육군대장 버나드 몽고메리 경이 이끄는 영국 제8군이 포함되어 있었다.

침공은 상륙에 용이한 해변과 부두, 비행장이 많은 시칠리아 섬 남동부 해안을 따라 실시될 예정이었다. 작전의 핵심적인 전략 목표는 섬의 북동부에 있는 메시나(Messina) 항구였다. 시칠리아와 이탈리아 본토를 잇는 교통의 요지인 이곳은 주변이 바위투성이 산악지대였으며 해안의 폭도 좁았다. 더구나 이곳은 강력한 방어요새였으며 아프리카에서 출격하는 전투기들이 폭격기들에게 효과적인 공중엄호를 해주기에는 너무 멀리 떨어져 있었다. 따라서 메시나는 초기 목표에서 제외되었다.

시칠리아 침공 계획

연합군의 최종 계획에는 7개 사단이 포함되었다. 영국 제8군이 시라쿠사(Syracuse) 항구 바로 남쪽의 파키노(Pachino) 반도에 4개 사단, 1개 독립여단, 1개 레인저부대를 상륙시키고(시라쿠사를 점령할 때는 상륙부대를 지원하기 위해 영국 공수부대가 한 차례의 글라이더 강습작전을 실시한다), 미국 제7군은 미국 제505공수연대 전투단과 제504공수연대 3대대의 지원 하에 젤라 만(Gulf of Gela)에 3개 사단을 상륙시키기로 했다. 상륙한 이후 영국 제8군은 북으로 진격해 아우구스타(Augusta), 카타니아(Catania), 제르비니(Gerbini) 비행장, 마지막으로 메시나를 차례차례 점령하고, 조공 역할을 맡은 미국 제7군은 리카타(Licata)와 코미소(Comiso) 사이의 비행장을 점령하면서 메시나로 향하는 영국 제8군의 서쪽 측면을 엄호할 예정이었다.

추축국 방어군은 알프레도 구초니(Alfredo Guzzoni) 장군의 이탈리아 제6군 휘하에 있었다. 20만 명의 이탈리아 병사들이 6개 해안방어사단(coastal division), 4개 보병사단, 그 외 다양한 지역방위부대에 소속되어 있었다. 그 중 대부분은 훈련이 부족했고, 장비도 열악했으며, 사기도 의심스러웠다. 독일군은 제15기계화보병사단 및 정예부대인 헤르만 괴링 기갑사단의 예하 병력 3만 명을 이 지역에 배치하고 있었다.

시칠리아에서 전사한 공수부대원 제1낙하산사단과 헤르만 괴링 사단은 투혼을 발휘해 저항했지만, 섬에 주둔한 이탈리아군은 장비를 제대로 갖추지 못하고 있었고, 유능한 지휘관도 없었으며, 사기 또한 형편없어 그저 형식적인 저항만 했을 뿐이었다. 7월 24일, 조지 S. 패튼 장군의 미국 제7군은 섬의 서부 전체를 장악했고, 단 272명의 병사만 잃고서 5만 3,000명의 이탈리아군을 포로로 잡고 400대의 차량을 획득했다. 베를린에서도 시칠리아를 더 이상 지킬 수 없을 정도로 상황이 악화되었음을 알아차렸고, 새로 편성된 제14기갑군단의 사령관 한스 후베(Hans Hube) 장군은 이탈리아 본토로 철수할 계획을 짜기 시작한다. 1943년 8월 17일로 철수가 완료될 때까지 추축군 병사 2만 9,000명이 전사하고 14만 명이 포로로 잡혔다. 그에 비해 영국군의 전사자는 2,721명, 미군의 전사자는 2,237명뿐이었다.

시칠리아 침공

구초니는 연합군이 해안두보(海岸頭堡)를 갖추기 전에 해안에서 격파하는 전략만이 연합군을 막아낼 수 있는 유일한 방책이라는 것을 알았다. 그래서 그는 해안방어부대를 섬의 경계선을 따라 엷게 배치하고 섬의 서쪽 및 동쪽 모퉁이에 2개 이탈리아

이탈리아 항복 전날인 1943년 9월 9일, 제2낙하산사단 병사들이 바돌리오 행동대원들과 싸우고 있다. 이 사단은 1943년 5월 말에 제11공수군단 소속으로 프랑스의 아를(Arles)과 님(Nimes)에 주둔하고 있다가 6월에 이탈리아로 이동하라는 명령을 받았고, 티베르(Tiber) 강 어귀와 타르퀴니아(Tarquinia) 사이의 해안을 방어했다. 9월 9일에는 이탈리아군의 무장을 해제하고 도시를 점령하기 위해 로마로 이동한다. 이탈리아군의 저항은 경미했으며, 공수부대는 9월 10일에 도시를 장악했다. 이탈리아군 사령부 참모들은 로마 북동쪽의 몬테 로톤도에서 결사항전을 다짐했다. 이곳에는 발터 게리케 소령의 제6낙하산연대 2대대가 강하했다. 공수부대 작전은 완벽하게 성공하여, 게리케는 힘들이지 않고 이탈리아군 장교 15명과 병사 2,000명을 포로로 잡을 수 있었다. 그는 이 공로로 금환십자훈장(German Cross in gold)을 받았다.

군 보병사단을 배치했다. 그는 독일군 사단을 남동쪽에 집중 배치하기를 원했으나, 이탈리아에서 히틀러의 대리인인 공군원수 알베르트 케셀링(Albert Kesselring)은 제15기계화보병사단 주력을 시칠리아 서쪽으로 이동시켜 그곳에서 연합군의 상륙에 대비하게 했다. 그 결과 침공이 개시된 지 몇 시간 안에 해안두보에 대해 반격할 수 있는 위치에 있던 부대는 헤르만 괴링 사단뿐이었다.

시칠리아 침공은 1943년 7월 9일~10일 사이의 밤에 시작되었다. 사기가 낮고 장비도 부실한 이탈리아군 해안방어부대의 저항은 미미한 수준이었고, 첫날이 지나기도 전에 영국 제8군은 손쉽게 시라쿠사를 점령하고 아우구스타를 향해 달리고 있었다. 미군 구역의 저항 또한 대단치 않았다. 구초니가 헤르만 괴링 사단을 배치하면서 이후 이틀간 저항 수위가 높아졌으나, 영국 제8군은 13일까지 진격을 계속하여 서쪽으로는 비치니(Vizzni), 동쪽으로는 아우구스타(Augusta)에 도달했다. 거기서부터 지형이 험해지고, 독일 제1낙하산사단이 도착하면서 연합군의 진격속도는 둔화되었다.

리하르트 하이드리히 소장이 이끄는 제1낙하산사단은 1943년 5월 제7공수사단을 기간으로 편성되었다. 이 사단은 5월 말부터 제D집단군 제11공수군단에 소속되어 프랑스 아비뇽(Avignon) 근교 플레흐(Flers)에서 주둔했으며, 7월 11일에 시칠리아로 이동할 준비를 갖추라는 명령을 받아, 다음날 선발대들이 로마에 공수되었다. 여기에는 제3낙하산연대의 1대대와 3대대, 제4낙하산연대, 사단직할 기관총대대가 포함되어 있었다. 로마에 도착한 제4낙하산연대와 기관총대대는 Ju-52와 글라이더에 탑승하여 시라쿠사와 카타니아에 강하했다. 이틀 후, 제3낙하산연대도 섬에 도착했다. 그 동안 제1낙하산연대는 나폴리(Naples) 인근 지역으로 이동해 별도의 명령이 떨어질 때까지 대기했다.

시칠리아에서의 공수부대

시칠리아에서 독일군 공수부대는 방어진지를 구축하기 시작했다. 기관총대대는 낙하산대전차부대와 포병 부대의 지원을 받으면서 섬 동쪽의 시메토 강(Simeto)을 가로지르는 프리마솔레(Primasole) 다리 주변에 참호 진지를 구축했다. 이곳은 양측 모두에게 중요한 곳으로, 그것은 독일군 공수부대가 도착한 지 불과 몇 시간 뒤인 7월 13일에 그들의 라이벌이라 할 수 있는 영국군 제1공수여단(여단장 C. W. 래스버리[Lathbury] 준장 휘하의 1・2・3대대 및 제21독립중대―정찰부대―로 편성)의 공수작전이 이루어졌다는 사실로도 알 수 있다. 양측의 치열한 전투가 시작되었고, 영국군 공수부대는 많은 사상자를 낸 끝에 퇴각했다.

7월 14일, 제3낙하산연대 소속 공수부대원들은 연합군에게 공습과 함포 사격을 당하고 있던 카타니아(Catania) 비행장에 강하했다. 그 동안 프리마솔레 다리에서 지원군을 기다리던 낙하산기관총대대 병사들은 영국군 공수부대를 독일군으로 착각하여 다리를 내주고 말았다. 그러나 기관총대대와 새로 도착한 제3낙하산연대는 몇 시간 후 반격을 개시하여 다리를 재탈환했다. 독일군은 강을 건넌 뒤 동쪽으로 향했지만 영국 제1공수여단의 잔존병력들에게 삼면에서 공격을 당해 남부의 소규모 방어선으로 퇴각했다.

1943년 말, 남부 이탈리아의 공수부대원들 이 시기에 연합군의 항공 전력은 제공권을 완전히 장악하고 있었고, 그것은 점점 약해지는 독일 공군의 형편과 대조를 이루면서 더욱 선명하게 나타났다. 예를 들면 독일 공군은 1943년 7월 3일에 지중해 전역에서 총 1,280대의 항공기를 보유하고 있었지만, 이 수치는 9월 3일에는 800대로 떨어졌다. 제7낙하산연대의 하인리히 헤름센(Heinrich Hermsen)은 프라스카티(Frascati) 근교에서 복무하면서 연합군의 압도적인 제공권을 직접 목격했다. "1943년 9월 8일, 나는 케셀링 원수를 노린 연합군의 맹렬한 항공공격을 목격했다(그는 이미 다른 곳으로 떠난 상태였다). 그리고 프라스카티에 대한 공습은 수천 명의 생명을 앗아갔다."

이 사진에는 하인리히 트레트너 중장이 지휘하는 제4낙하산사단의 장병들이 나와 있다. 이들은 1944년 1월 22일 안치오 (Anzio)에 상륙한 존 루카스(John Lucas) 소장 휘하의 미국 제6군단(영국군 및 미군 5만 명으로 구성)이 구축한 해안두보를 봉쇄하기 위해 이동 중이다.

연합군 항공기에 발견되지 않기 위해 모터사이클을 위장하고 있다. 사진의 BMW 모터사이클은 정찰용으로서 사이드카를 부착하고 있다. 또한 성내선차보나 기타 포병 와기를 견인하기 위한 고리도 달리 있으니, 이런 강비를 견인할 경우 야지횡단(野地橫斷) 능력이 크게 저하되었다.

프리마솔레 다리 상실

7월 14일~15일 밤, 카타니아 비행장에 독일군의 2개 낙하산공병중대가 강하했다. 이들은 프리마솔레 다리로 행군하여 다리의 남단 측면에 있는 진지를 확보했다. 오전 중에 영국군은 제4기갑여단의 전차 지원을 받으며 다시 다리를 공격했다. 그러나 그들은 대전차화기, 기관총, 박격포 공격에 다시 한 번 격퇴당했다. 영국군 공수부대는 더럼(Durham) 경보병연대 병사들의 지원을 받아 공격을 재개했으나 역시 격퇴당했다. 독일군은 88밀리미터 대포까지 방어진지에 투입했는데, 그것은 연합군의 맹렬한 포격으로 결국 격파되었다. 다리 남단의 공병대원들은 큰 피해를 입었으며, 오후가 되자 공수부대의 사상자는 더 이상의 방어가 불가능할 정도로 늘어나 있었다. 연합군이 다시 한 번 공격을 가해 결국 다리를 빼앗았다. 이틀 후, 독일 공수부대는 프리마솔레 다리를 재탈환하지만, 18일에 연합군에게 완전히 빼앗기고 만다.

2개 공병중대의 잔존인원들은 제4낙하산연대에 편입되어 후퇴했고, 제3낙하산연대는 고립되어 카를레니니(Carlenini) 근교에서 전투에 휘말렸지만 영국군의 포위를 뚫고 비교적 안전한 독일군 전선에 도달할 수 있었다. 그러나 이제는 시칠리아에서 독일군이 머무를 수 있는 시간도 얼마 남지 않은 상태였다. 7월 24일, 미국 제7군은 섬의 서쪽 전체를 장악했다. 대부분의 이탈리아군 부대는 싸울 의지가 거의 없었다. 심지어 7월 25일에 이탈리아 독재자 베니토 무솔리니(Benito Mussolini)가 실각하고 그를 대신하여 피에트로 바돌리오(Pietro Badoglio) 원수가 집권하게 되자, 전투의 지는 더욱 저하되었다.

시칠리아에서는 전투가 계속되고 있었지만 이탈리아군의 역할은 끝난 것이나 다름없었다. 아직도 싸우고 있는 추축군은 바위투성이인 섬의 북동부 모퉁이, 소위 에트나(Etna) 방어선을 따라 자리 잡은 방어거점을 지키기로 했고, 구초니는 여전히 저항을 계속하겠다고 떠들고 있었다. 그러나 구초니의 부대는 이미 붕괴되고 있었으며, 독일군 최고사령부는 이 섬에서 철수하라고 지시했다. 이제부터는 새로 편성된 제14기갑군단의 군단장 한스 후베(Hans Hube) 장군이 시칠리아의 모든 추축군 부대를 지휘하게 되었다. 그는 예하 부대들에게 메시나 해협을 건너 이탈리아 본토로 철

사진 속의 8륜 차량은 야시횡난이 가능한 중상갑자 SdKfz 232이다. 제4낙하산사단은 1943년 11월 제2낙하산사단과 이탈리아 군의 넴보 독립 공수대대 및 폴고레 공수사단 병력을 흡수하여 베니스(Venice)에서 창설되었다. 1944년 2월, 이 부대에는 제 10낙하산연대, 제11낙하산연대, 제12낙하산연대, 제4낙하산내전차대대, 제4낙하산포병연대, 제4낙하산내공대대, 제4낙하산공병 대대, 제4낙하산통신대대, 제4낙하산의무대대 등이 포함되어 있었다.

수하라고 지시했다. 공수부대에게는 철수가 진행되는 동안 추축군 방어선의 빈틈을 메우라는 임무가 떨어졌다. 제1낙하산연대의 소부대가 철수한 것은 8월 11일, 다른 모든 공수부대가 섬을 떠난 것은 17일이었고 그로부터 몇 시간 후에 메시나에는 연합군 부대가 처음으로 진입했다.

시칠리아에서 비교적 쉬운 승리를 거둔 연합군 작전 기획자들은 이탈리아 본토 침공을 생각하기 시작했다. 8월 16일, 아이젠하워는 영국 제8군의 상륙작전을 허가 했다. 작전암호명은 '베이타운(Baytown)'이었다. 연합군은 먼저 9월 1일부터 4일 사이에 메시나 해협을 건너서 공격함으로써 적 병력이 더 북쪽에서 벌어질 미군 상륙

안치오의 독일군 거점을 폭격하기 위해 날아가는 미 제12육군항공대 소속의 B-25B 한스 게오르크 폰 막켄젠(Hans Georg von Mackensen) 장군이 이끄는 제14군은 미국 제6군단의 안치오 상륙에 신속히 반응해 그들의 해안두보를 포위하고 공격했다. 제14군에서 제일 강력한 부대 중 하나는 제4낙하산사단이었다. 2월 7일의 전투보고서에는 "제4낙하산사단은 모든 구역에서 계획된 목표에 도달했다"고 기록되어 있으며, 2월 16일자 전투보고서에는 "제16보병사단과 제4낙하산사단은 클레 본 리포소 남쪽의 산등성이를 점령했다"라고 적혀 있다.

작전을 방해하지 못하게 하려고 했다. 미군의 상륙작전인 '애벌랜시(Avalanche)' 작전은 9월 9일에 시작될 것이고, 이날 미국 제5군은 살레르노(Salerno) 지역에 상륙할 예정이었다. 영국 제8군과 미국 제5군은 제15집단군으로 통합되어 영국 육군대장 해롤드 알렉산더 경(Sir Harold Alexander)의 지휘를 받았다.

독일군의 이탈리아 방어 계획

휘청이고 있는 이탈리아의 전쟁수행능력을 보고 있던 히틀러는 케셀링에게 이탈리아 남부전구 최고사령관 직책을 주며 남부 이탈리아의 방어를 담당하게 했다. 당시 케셀링은 로마 북쪽 아펜니노(Apennine) 산맥에 영구 방어선을 완성할 수 있을 때까

안치오 근교, SdKfz 251 반궤도 병력수송장갑차 위에 제4낙하산사단의 공수부대원들이 타고 있다. 공수병용 헬멧, 일반 육군용 헬멧, 비행모 등이 다양하게 보인다. 1944년 2월 말, 이 사단은 계속되는 전투로 큰 인명피해를 입었다. 사단장 트레트너는 언제나 솔선수범하여 지휘했고, 용맹한 행동으로 여러 번 수훈 대상자가 되었다. 전쟁 기간에 1만 대 이상의 SdKfz 251이 생산되었다. 차량 앞부분의 방패형 총좌에는 MG-34 또는 MG-42 기관총이 장착되어 있다.

안치오에서 정찰 중인 독일 공수부대 3월과 4월 사이에 해안두보의 전투는 포위전 양상을 띠었다. 독일군 포병은 해안두보의 모든 지점을 관측하고 공격했으며, 독일 공군은 접안(接岸) 지역에 기총소사를 가해 연합군의 보급과 증원을 방해했다. 그럼에도 불구하고 연합군의 공격횟수는 점점 더 많아졌다. 3월 9일, 제14군의 보고서는 당시 상황을 전형적으로 보여주고 있다. "적이 제10낙하산연대 우익을 향해 2시간 동안 준비사격을 가한 후 2개 중대로 공격해왔으며, 연대는 치열한 전투 끝에 적을 격퇴했다."

지 지연전을 펼칠 생각이었다. 하지만 이탈리아가 추축국에서 탈퇴하는 사태가 벌어지면서, 히틀러는 이탈리아 북부의 방어를 책임지는 제B집단군 사령관 에르빈 롬멜 원수에게 모든 산악지대의 주요 통로와 도로, 철도를 장악하고 이탈리아군을 무장해제하라고 명령했다. 그 동안 케셀링은 남부에서 이탈리아군을 무장해제하면서 북쪽으로 계속 철수해야 했다.

8월 중순, 추축군 10만 2,000명이 시칠리아에서 본토로 철수했고, 8월 8일에는 하인리히 폰 피팅호프(Heinrich von Vietinghoff)를 지휘관으로 삼아 독일 제10군이 창설되었다. 이 부대 소속 장병 4만 5,000명은 이탈리아 제7군과 연합하여 장화 모양인 이탈리아 반도의 발가락 끝을 지키는 임무를 맡았다. 피팅호프 예하에는 헤르만 괴링 사단, 제15기계화보병사단, 제16기갑사단 등 3개 독일군 사단이 있었다.

영국 제8군은 9월 3일에 메시나 해협을 건넜고, 같은 날 바돌리오 정부가 비밀리에 연합군과 정전협정을 맺었다. 이탈리아군의 공식 항복 성명은 9월 8일에 발표되었고, 독일군은 즉시 과거의 우군인 이탈리아군을 무장해제하기 시작했다(독일군은 이미 바로 작전에 돌입할 수 있는 준비를 갖춰놓고 있었다).

7월 말, 새로 편성된 제2낙하산사단은 남프랑스의 주둔지를 떠나 티베르(Tiber) 강의 어귀와 타르퀴니아(Tarquinia) 사이의 해안지대로 이동했다. 이는 로마의 소요 사태를 예상한 조치였다. 베른하르트 람케 소장이 이끄는 제2낙하산사단은 제2낙하산연대, 북아프리카에서 복무했던 람케 여단의 잔존병력을 기간으로 편성된 1개 포병대대, 그리고 공중강습연대 4대대로 구성되어 있었다. 또한 예하의 낙하산훈련대대를 기간으로 제6낙하산연대와 제7낙하산연대를 새로 창설했다. 9월 9일, 제2낙하산사단은 로마로 진입해 '슈투덴트(Student)' 작전을 실행하라는 명령을 받았다. 그것은 로마의 질서를 회복하고, 로마에 주둔하고 있는 이탈리아군의 무장을 해제한 뒤 도시를 점령하기 위한 작전이었다. 9월 10일, 작전목표가 달성되었다.

로마 북동부에 있는 몬테 로톤도(Monte Rotondo)에서는 저항이 강했다. 그곳에는 이탈리아 육군 본부와 참모 장성들, 그리고 독일군에게 항복하기를 거부한 사람들이 있었다. 발터 게리케 소령의 제6낙하산연대 2대대가 이탈리아 육군 본부에 강

안치오로 가는 길 연합군은 교두보에 11만 명의 병력을 투입했지만 독일군도 그들을 막기 위해 7만 명을 투입했다. 또한 연합군은 안치오에 정예부대를 배치했는데, 결국 그들은 독일 공수부대와 마주쳤다. 낙하산훈련연대 소속 오펠(Opel) 중위는 이렇게 말했다. "옆 중대의 거점으로 진격하는 미군 레인저부대를 저지하기 위해 나는 그들의 측면을 공격했고, 많은 미군들을 부대로부터 고립시켰다. 우리는 약 400~500명의 미군을 포로로 잡았다."

하하여 모든 저항을 종식시켰다. 사상자는 많지 않았다.

9월 9일, 미국 제5군이 살레르노(Salerno)에 상륙했다. 그리고 이들은 독일군의 저항에도 불구하고 그달 말에 해안두보를 견고하게 구축했다. 이 무렵 연합군은 이미 해안에 내려놓은 19만 명의 장병들을 북쪽으로 전진시키고 있었다. 케셀링은 이에 맞서 이탈리아 반도를 가로지르는 일련의 방어선을 구축했다. 첫 번째는 '바르바라(Barbara)' 방어선으로 나폴리에서 북쪽으로 40킬로미터 떨어져 있는 볼투르노(Volturno) 강을 따라 여러 요새들을 급조해놓은 방어선이었다. 두 번째는 미냐노(Mignano) 지역을 통과하며 해안에서부터 동쪽으로 몬테 카미노(Monte Camino), 몬테 마지오레(Monte Maggiore), 몬테 삼무크로(Monte Sammucro)로 이어지는 방어선이었다. 이것은 '베른하르트(Bernhard)' 혹은 '라인하르트(Reinhard)' 방어선으로 불렸다. 구스타프(Gustav) 방어선이라 불리는 세 번째 방어선은 베른하르트 방어선에서 북쪽으로 19.2킬로미터(12마일) 지점에 위치했으며, 몬테 카시노(Monte Cassino), 가릴리아노(Garigliano) 강, 라피도(Rapido) 강이라는 천연의 요새에 의지하고 있었다. 상호 보완적으로 배치된 벙커 및 방어설비를 가진 이곳이 세 방어선 중 가장 강력했다.

제1낙하산군단의 편성

1943년 11월 21일, 케셀링은 이탈리아 전역을 책임지는 제C집단군 사령관으로 부임했다(롬멜은 프랑스로 전속했다). 같은 시기에 제C집단군은 2개 군, 즉 폰 피팅호프 장군의 제10군과 폰 막켄젠(von Mackensen) 장군의 제14군으로 편성되었다. 이탈리아 전선의 공수부대 역시 이 시기에 재편되었다. 1944년 1월, 제1낙하산군단이 창설되었다. 알프레트 슈렘(Alfred Schlemm) 장군이 군단장을 맡은 이 부대는 이탈리아 전투 내내 제1낙하산사단과 제4낙하산사단을 지휘했다. 제4낙하산사단은 1943년 11월에 편성을 시작했으며, 제2낙하산연대 1대대와 제6낙하산연대 2대대, 공중강습연대 1대대를 주축으로 삼았다. 또한 이탈리아군의 넴보(Nembo) 독립 공수대대와 폴고레(Folgore) 공수사단의 병력도 사단에 합류했다. 제4낙하산사단은 1944년 1월에 편성이 완료되었다.

그 동안 미국 제5군과 영국 제8군은 살레르노에서 베른하르트 방어선까지 한 달동안 전투를 치르면서 1943년 11월 중순에는 완전히 탈진상태에 이르렀다. 이 상황을 타개하기 위해 추축군 전선의 후방인 안치오(Anzio)에 미국 제6군단을 상륙시키자는 제안이 나왔다. 이탈리아에서 연합군의 공세는 11월 20일에 재개되었으나, 악천후와 독일군의 저항으로 작전 진행이 어려웠다. 그럼에도 불구하고 연합군은 1월 중순에 바르바라 방어선과 베른하르트 방어선을 돌파하고 구스타프 방어선에 도달

제4낙하산사단의 부상병이 야전 의무대에서 걸어나오고 있다. 1944년 5월 말, 독일 제14군은 연합군의 해안두보를 제거하는 데 실패했고 안치오에서 패배에 직면하고 있었다. 5월 25일, 미국 제5군은 해안두보의 부대와 연계하는 데 성공했고, 독일군 은 북으로 후퇴했다. 지금까지 그랬듯이 공수부대가 독일군의 후퇴를 엄호했다. 5월 29일, 독일 제14군의 전투보고서는 이렇게 기록하고 있다. "제4낙하산사단과 제65보병사단은 적의 공격을 여러 차례 격퇴했으나, 적은 결국 방어선 돌파에 성공했다."

했다. 안치오 상륙작전을 용이하게 하기 위해 미국 제5군은 라피도 강과 가릴리아노 강을 공격했다. 안치오 상륙작전인 '싱글(Shingle)' 작전은 1944년 1월 22일에 적의 저항 없이 수행되었다. 그러나 제5군의 공세는, 특히 카시노(Cassino) 마을 주변과 마을 위에 있는 몬테 카시노(Monte Cassino)의 베네딕트 수도원에서 맹렬한 저항에 직면했다(자세한 내용은 제8장 참조).

안치오에 상륙한 미국 제6군단의 존 루카스(John Lucas) 소장은 공세를 펼치기 전에 교두보를 굳건하게 다지기 위해 참호를 팠다. 이 덕분에 독일군은 1월 30일까지 안치오 주변에 7만 명의 병력을 집결시키고 로마를 향한 연합군이 진격을 효과적으로 막을 수 있는 시간을 벌게 되었다(만약 연합군이 교두보에서 즉시 진격을 개시했다면, 독일군은 그들을 막는 데 큰 어려움을 겪었을 것이다). 이미 폰 막켄젠 장군은 자신의 제14군을 재배치해 연합군의 해안두보를 봉쇄하고 있었다. 또한 케셀링은 제10군에서 차출할 수 있는 모든 전투 병력을 안치오 전선에 투입하라고 명령했다. 여기에는 제1낙하산군단 사령부, 제1낙하산사단 제1낙하산연대 3대대와 기관총대대가 포함되어 있었다.

안치오의 격전

초기에 안치오 주변은 제1낙하산군단 관할 하의 3개 사단 구역, 즉 서부구역, 중앙구역, 동부구역으로 나뉘었다. 제4낙하산사단은 서부구역을 할당받아 티베르 강 남쪽 테라치나(Terracina) 근방에 배치되었다. 그때까지도 사단 참모부는 완전히 편성되지 못한 상태였다.

그달 말에 제1낙하산군단은 공격을 계획하고 있었지만, 이미 독일군은 연합군이 장악한 제공권의 위력을 실감하고 있었다. 1월 29일자 제14군 보고서에는 그와 관련하여 이런 내용을 적고 있다. "제14군의 주요 과제는 해안두보로부터 적을 몰아내는 것이다. 적은 계속해서 해안두보를 강화하고 있다. 공격은 가급적 빨리 이루어져야 하고, 공격 일자는 필요한 부대들의 도착 여부에 달려 있지만, 이들의 도착은 계

구스타프 방어선 돌파로 이탈리아의 독일군 제10군과 제14군은 전면 철수할 수밖에 없었다. 6월 2일, 케셀링은 어쩔 수 없이 전 독일군에 전투를 중지하고 북으로 철수하라고 명한다. 그는 도시에 폭발물을 설치하라는 히틀러의 명령을 무시하고 다음날 로마는 비무장도시임을 공표했다. 사진 속의 공수부대원들은 마지막으로 철수한 병사들의 일원이다. 6월 4일 밤에 미국 제1특전단과 제1기갑사단, 제3·34·36·85·88보병사단이 로마에 입성한다. 로마는 최초로 함락된 추축국 수도가 되었다.

속 지연되고 있다. 이는 이탈리아 철도 체계의 기능이 연합군의 공습으로 마비되었기 때문이다."

1월 30일, 미군 레인저부대가 치스테르나(Cisterna)에서 철수하면서 영국군 지원부대가 적에게 공격받게 되었다. 게다가 연합군은 2월 3일~4일에 독일군의 공격으로 큰 인명피해를 입었다. 2월 13일, 미국 침공군은 최후 방어선까지 밀려나 알바노(Albano)-안치오를 잇는 도로를 따라 포진했다.

이때 막켄젠이 마지막 대공세를 준비하면서 전투는 소강상태에 들어갔다. 연합군의 사기는 매우 낮았으며, 독일군은 해안두보를 제거할 수 있겠다고 판단했다. 독일군의 주공은 2월 16일 새벽에 시작되었다. 제4낙하산사단은 제65보병사단과 함께 클레 본 리포소(Cle Buon Riposo) 남부를 공격했다. 연합군 포병과 항공기의 공습은 위력적이었지만, 독일군은 사상자에 아랑곳없이 착실하게 전진했다. 그러나 2월 19일, 연합군의 대규모 공습과 포격으로 결국 공격을 중단했다. 이후에도 전투는 계속되었으나, 그달 말 막켄젠은 안치오에 대한 모든 공격을 중단시켰다. 그는 케셀링에게 이렇게 불평했다. "우리 병사들과 원수 각하께서 보내주신 보충병들은 훈련이 부족해서 전장에서 연합군을 상대할 수가 없습니다. 이런 상태라면 우리 군은 해안두보를 제거할 수 없을 지도 모릅니다."

소모전

비록 연합군이 해안두보를 지키는 데는 성공했지만 전투는 계속되었다. 그 좋은 예

1944년 6월 로마를 떠나 북으로 향하는 공수부대원들 독일 공수부대는 큰 타격을 입었으나 결코 기가 꺾이지는 않았다. 6월 21일까지 그들은 176킬로미터를 퇴각했다. 7월 말에 연합군이 진격을 멈추고 휴식과 재무장을 실시하자, 독일군은 '고딕(Gothic)' 방어선을 완성할 시간을 벌게 되었다.

로 3월 2일~4일 사이에 작성된 독일군의 작전보고서에는 다음과 같은 내용이 있다. "적의 강력한 반격으로 초카(Ciocca) 계곡을 지키던 제4낙하산사단의 1개 중대가 전멸했다."

나흘 후, 연합군 2개 중대가 제10낙하산연대의 우측방을 공격했고 격전 끝에 격퇴당했다. 4월 초가 되자 제4낙하산사단은 전력이 크게 약화되어 제14군 사령부가 예하 부대들의 전투능력을 평가했을 때 전투력 2급 판정을 받았다.

남쪽에서는 연합군이 구스타프 방어선 돌파에 세 번이나 실패했다. 연합군은 1월에는 라피도 강 공격에, 2월에는 카시노 측면 포위에, 3월에는 몬테 카시노 수도원과 산 아래 마을 사이로 진격하는 데 실패했다. 그러나 연합군 제15집단군은 새로운 공세를 준비하기 위해 병력을 대규모로 집결시키고 집중적인 항공 작전을 펼치기 시작했다. 1944년 5월 11일 개시된 '다이어뎀(Diadem)' 작전은 전 전선에서 1,600문의 대포가 포문을 여는 것으로 시작되었고, 곧이어 연합군 25개 사단이 돌격을 개시했다. 영국 제8군 구역의 진격속도는 느렸으며 미군은 그보다 신속하게 진격했다. 5월 25일, 미국 제6군단은 테라치나 북쪽에서 미 제5군 정찰대와 연계하는 데 성공했다. 안치오 상륙 후 4개월 만이었다. 막켄젠이 북쪽으로 퇴각하는 동안 제4낙하산사단은 일련의 후위부대 임무를 수행하며 맹렬히 싸웠다. 하지만 전세는 연합군 쪽으로 기울고 있었고, 독일군은 6월 4일에 로마가 함락되는 사태를 막을 길이 없었다. 로마는 추축국 수도 중 최초로 적에게 함락된 도시가 되었다. 그러나 이탈리아에서는 아직도 더 많은 전투가 남아 있었다.

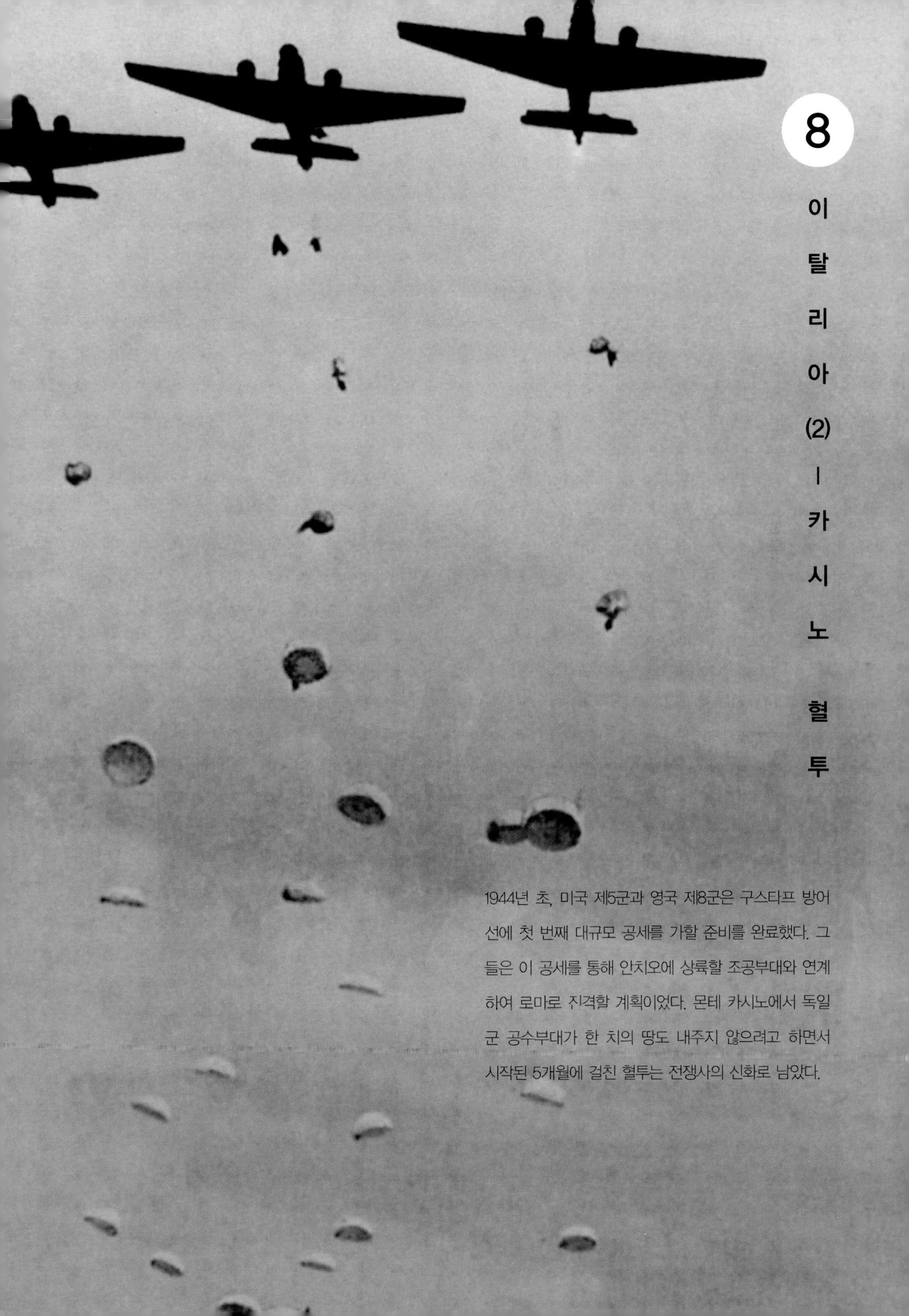

8

이
탈
리
아
(2)
ㅡ
카
시
노
혈
투

1944년 초, 미국 제5군과 영국 제8군은 구스타프 방어선에 첫 번째 대규모 공세를 가할 준비를 완료했다. 그들은 이 공세를 통해 안치오에 상륙할 조공부대와 연계하여 로마로 진격할 계획이었다. 몬테 카시노에서 독일군 공수부대가 한 치의 땅도 내주지 않으려고 하면서 시작된 5개월에 걸친 혈투는 전쟁사의 신화로 남았다.

제2차 세계대전

당시 독일군 공수부대가 벌인 모든 작전 중 몬테 카시노 수도원과 그 아래의 카시노 마을을 지키기 위해 벌인 전투는 전쟁사의 신화가 되었다. 히틀러가 "제2차 세계대전 무기로 싸운 제1차 세계대전 전투"라고 평한 이 전투에서 보여준 활약으로 제1낙하산사단 대원들은 "몬테 카시노의 녹색 악마"라는 별칭을 얻었다.

1944년 초, 연합군은 미국 제5군 예하 제6군단을 독일군 전선 후방인 안치오에 상륙시키려는 계획을 밀어부쳤다(제7장 참조). 같은 달, 새롭게 편성된 프랑스 원정군단이 알퐁스 쥐앵(Alphonse Juin) 장군의 지휘 하에 도착하여 미국 제5군의 동쪽 측면을 담당하게 되었다. 미국 제2군단은 중앙에서 전선을 형성했고, 영국 제10군단

몬테 카시노의 제1낙하산사단 대원들이 전투의 위험 속에서 잠시 틈을 내어 휴식을 취하고 있다. 그들의 모습에서 전투로 인한 극도의 피로를 엿볼 수 있다. 카시노와 몬테 카시노 주위에서 벌어진 전투는 대부분 근접전이었고 종종 백병전 양상을 띠었다.

카시노 구역에서 주위를 살피고 있는 이 공수부대원의 헬멧 커버는 이탈리아 육군의 위장용 천으로 만들어진 것이다. 철십자 훈장 리본도 볼 수 있다.

은 지원을 맡았다. 미국 제5군은 적 방어선을 돌파하여 안치오 해안두보와 연계하라는 명령을 받았으나, 그러기 위해서는 구스타프 방어선을 돌파해야 했다. 구스타프 방어선은 가릴리아노 강과 라피도 강을 따라 구축되어 있었다. 미국 제5군은 안치오로부터 독일군을 끌어내기 위해 이 두 강을 공격하려고 했다. 일단 강을 도하하는 데 성공하면, 리리(Liri) 골짜기 양편의 고지를 점령하고 북으로 진격하여 안치오의 해안두보와 연계를 이루려 했다. 육군중장 올리버 리스 경(Sir Oliver Leese)이 이끄는 영국 제8군은 산그로(Sangro) 강을 건너 페스카라(Pescara)를 점령하여 그곳의 독일군이 미군의 작전구역에 관여하지 못하게 할 예정이었다.

몬테 카시노에 대한 첫 공격

리리 골짜기는 로마를 향해 남북으로 뻗은 제6번 도로가 달리는 길고 평탄한 지형이다. 연합군에게는 불행하게도 독일군은 골짜기의 모든 핵심거점을 요새화했고 골짜기 입구에 버티고 선 두 고지, 몬테 카시노와 몬테 마조(Monte Majo)를 점령하고 있었다. 연합군의 공격은 1월 17일에 시작되었다. 미국 제2군단의 제36보병사단이 선봉에 서서 산탄젤로(Sant' Angelo) 인근에서 라피도 강을 건넜다. 그러나 영국 제10군단과 프랑스 원정 군단이 리리 골짜기 양쪽의 고지에서 독일군을 몰아내는 데 실패

1944년 2월 15일, 몬테 카시노 수도원이 연합군의 폭격을 당하고 있다. 카시노 고지와 마을에 대한 포격과 폭격으로 독일군 공수부대가 몸을 숨길 수 있는 엄폐물이 더 많이 생기게 되자, 연합군에게는 골칫거리가 늘었다. 제1낙하산사단 제3낙하산연대 1대대장 루돌프 뵘러(Rudolf Böhmler) 소령이 후일 밝힌 바에 따르면, 이 포격과 폭격으로 연합군이 공수부대원들을 격퇴하는 데 오히려 더 큰 장애가 생겼다고 한다. "카시노 전투가 산악전이라는 점을 알아야 한다. 산악전에서 피할 수 없는 규칙은 고지를 점령하는 자가 골짜기도 점령한다는 것이다." 카시노에서 싸운 제1낙하산사단 예하부대는 다음과 같다. 사단 사령부(하이드리히 장군), 제1낙하산연대(슐츠 대령) 예하 1대대(폰 데어 슐렌부르크 소령), 2대대(그리슈케 소령), 3대대(베커 소령), 제3낙하산연대(하일만 대령) 예하 1대대(뵘러 소령), 2대대(폴틴 소령), 3대대(크라체르트 소령), 제4낙하산연대(발터 대령) 예하 1대대(바이어 대위), 2대대(휘브너 대위), 3대대(마이어 대위), 제1공수포병연대(슈람 소령), 제1전투공병대대(프롬밍 대위), 제1공수대전차대대(브루크너 소령), 제1공수기관총대대(슈미트 소령), 공수의무대(아이벤 대령).

수도원에 대한 연합군의 폭격도 독일 방어군들을 죽이지는 못했다. 2월 16일~18일에 인도 제7여단 예하 부대들이 이 수도원 폐허를 향해 공격하자, 독일 공수부대는 포격과 소병기 사격으로 이들을 간단히 격퇴했다.

하자, 미군의 공격은 많은 사상자만 남기고 실패한다. 라피도 강을 건너려는 모든 시도는 1월 22일에 멈추지만, 미국 제5군 사령관 클라크(Clark)는 안치오 해안두보에 가해지는 부담을 덜어주기 위해 공격을 재개하라고 지시했다.

카시노 마을 북동부의 고지대에 또 다시 공격이 가해졌다. 영국 제10군단은 가릴리아노 교두보로부터 공격을 계속했다. 그 동안 미국 제34보병사단은 프랑스 원정군단과 제36보병사단 1개 연대의 지원을 받아 카시노를 과감히 포위하고 마을 위의 베네딕트 수도원을 공격했다. 그 결과 미군과 프랑스군은 몬테 카시노 북동쪽 경사면에 불안정하게나마 발판을 마련할 수 있었고, 그 동안 제34보병사단은 1월 26일까지 라피도 강을 건넜다.

1944년 2월 초, 제34보병사단은 카시노를 향해 공격을 재개했다. 이는 버나드 프레이버그 중장 지휘 하에 새로 편성된 뉴질랜드 군단의 리리 골짜기 공격을 준비하

1944년 중반, 이탈리아 전선의 알베르트 케셀링 원수와 리하르트 하이드리히 소장 하이드리히(서 있는 사람)는 1944년 1월 20일에 카시노 구역의 지휘권을 넘겨받았다. 카시노와 몬테 카시노의 방어는 하일만 대령(그는 1944년 11월 17일 제5낙하산사단장직을 인수한다)의 제3낙하산연대가 맡고 있었다. 제3차 몬테 카시노 전투는 3월 15일에 연합군 항공기 총 775대가 카시노와 인근 지역을 폭격하여 독일군 포병 및 보급품 집결지와 교량들을 공격하면서 벌어졌다. 항공기들이 물러가자 연합군의 포격이 시작되었다. 마을에 대한 포격은 15:30시가 되어서야 끝났다. 그러나 수도원 폐허에 대한 포격은 3월 16일 오전까지 계속되었다. 공수부대 지휘관인 폴틴 대위는 포격이 시작되자마자 휘하의 6중대를 근처의 동굴로 이동시켰다. 그는 중대를 파멸로부터 구해냈고, 3월 15일~20일에는 모든 은폐물이 파괴되어 적의 공격에 노출된 거점을 지키면서 적 전차 10대를 파괴했다. 그는 이 공로로 기사십자훈장을 받았다.

기 위한 것이었다. 그러나 독일군은 격전이 끝난 뒤에도 마을을 지키고 있었으며, 뉴질랜드 군단은 미군과 교대하게 되었다.

이때까지 연합군은 몬테 카시노 수도원이 중요한 전략적 거점임에도 불구하고 그곳에 대한 공습이나 포병사격은 물론 지상 공격도 자제해왔다. 그러나 수도원의 벽 뒤에서 독일군들이 목격되고 그 인근에서 독일군의 방어시설과 거점들이 발견되

카시노의 폐허 속에서 독일 방어군의 운명은 바람 앞의 등불과도 같았다. 사방에 벽돌 조각이 널려 있었고 공수부대원들은 종종 그 속에 생매장당하기도 했다. 수도원에 주둔했던 제1낙하산사단의 생존자는 어느 날의 전투를 이렇게 묘사했다. "태양이 빛을 잃었고 대신 기괴한 박명이 내리깔렸다. 마치 세계의 종말이 온 것 같았다. 전우들은 부상당하고, 생매장당하고, 거기서 다시 헤쳐 나왔다가 다시 파묻혔다. 직격탄 한 방으로 소대나 분대가 한꺼번에 전멸당하기도 했다. 여기저기 흩어진 생존자들은 끊임없이 이어지는 폭발 소리에 제대로 정신을 차리지 못하고 반쯤 미친 사람처럼 비틀거리다가 목숨을 잃곤 했다. 그렇지 않은 사람은 이 지옥에서 빠져나가기 위해 적을 향해 무턱대고 돌격했다."

자, 프레이버그는 공습과 포격으로 수도원을 파괴해달라고 요구했다. 2월 15일, 폭격기 230대와 미국 제2군단의 포병대가 이 역사적인 장소를 공격했다. 그러나 수도원 건물 대부분과 외벽은 파괴되었지만 지하실은 포격과 폭격에도 무너지지 않았고, 독일군은 그 속에 은신하고 있었다. 따라서 2월 15일 밤에 공격을 실시한 인도 제4사단은 엄청난 병력손실을 입고 퇴각할 수밖에 없었다. 인도군은 이후 3일간 공격을 계속했지만, 사상자만 늘 뿐 아무 소용이 없었다. 뉴질랜드 제2사단도 미국 제34·36보병사단 포병대의 지원을 받으며 공격했지만 카시노 마을 안으로 조금 진입했을 뿐 작전을 더 이상 계속할 수 없을 정도로 엄청난 병력손실을 입었다.

이후 전투는 소강상태에 접어들었으며, 독일군은 방어태세를 다시 굳힐 기회를 얻었다. 2월 20일, 리하르트 하이드리히 장군의 제1낙하산사단이 카시노 마을과 수도원에 진입했으며, 마을은 루트비히 하일만(Ludwig Heilmann) 대령이 이끄는 제3낙하산연대가 지키게 되었다. 제1낙하산사단은 오르토나(Ortona) 인근에서 치른 전투로 큰 손실을 입어 전력이 많이 감소된 상태였다. 당시 제1낙하산사단 예하 각 대대의 인원은 평균 200명 안팎에 불과했다.

돌의 요새

몬테 카시노는 해발 518.2미터로 주변의 전원지대와 6번 도로를 내려다보고 있으며, 6번 도로는 '수도원 언덕(Monastery Hill)' 주위를 뱀처럼 휘감고 있었다. 수도원 언덕이 카시노 마을을 내려다보고 있기는 하지만, 이 일대의 유일한 고지인 것은 아니었다. 사실 이 언덕은 다른 봉우리와 언덕들에 둘러싸여 있으며 그것들 모두가 격전의 무대가 되었다. 마을 바로 뒤에는 '성채 언덕(Castle Hill)'이 있는데, 이 언덕 정상에는 허물어진 성채가 자리 잡고 있으며 연합군은 그곳을 193고지, 혹은 '로카 자

제1낙하산대전차대대 쿠쉬(Kush) 일병의 회고이다. "우리에게는 소총, 기관단총, 수류탄, 대전차총 등 수많은 개인화기가 있었다. 그러나 불행하게도 우리의 중장비는 연합군이 카시노와 그 주변에 가한 폭격과 포격으로 부서져버렸다."

눌라(Rocca Janula)'라고 불렀다. '교수대 언덕(Hangman's Hill)', 즉 435고지는 몬테 카시노 경사면에 자리 잡고 있었고 그 북서쪽으로 1킬로미터 떨어진 곳에는 '갈보리 언덕(Calvary Hill)', 즉 593고지가 있었다. 갈보리 언덕의 북쪽에는 '뱀머리 언덕(Snakeshead Hill)', 즉 445고지가 있었다.

연합군은 다음 공격을 위해 대규모 화력을 조직했다. 지중해 방면 연합군 공군 최고사령관인 이커(Eaker) 장군은 지중해 전구 내에서 활용할 수 있는 모든 폭격기를 공습에 동원하라는 지시를 받았다. 또한 미국 제5군의 군수지원대는 지상군 지원용으로 60만 발의 포탄을 모았다. 프레이버그는 인도 4사단과 뉴질랜드 2사단을 동시에 이 좁은 지역에 투입할 작정이었다. 뉴질랜드군은 카시노 마을과 193고지를 담당하고, 인도군은 몬테 카시노의 급경사면을 공격하여 수도원을 점령해야 했다. 한편 영국 제78사단은 산탄젤로 인 테오디체(Sant' Angelo in Theodice)의 좌우 양측에서 라피도 강을 건너 리리 골짜기로 전진할 예정이었다.

제3차 카시노 전투

연합군의 공중폭격은 3월 15일 08:30시에 시작되어 12:30시에 끝났다. 이후에는 포 746문이 대규모 포격을 실시하여 카시노 마을과 언덕에 포탄 20만 발을 퍼부었다. 폴틴(Foltin) 소령의 제3낙하산연대 2대대는 마을에 주둔하다가 이 포화에 그대로 노출되고 말았다. 이때 300명의 대원 중 160명이 전사하거나 부상을 입었고 건물의 잔해에 매몰되었다. 뒤이어 뉴질랜드 제2사단이 기갑부대의 지원을 받으며 공격을 시작했으나 방어군의 맹렬한 사격에 휘말렸다. 이것은 연합군으로서는 전혀 생각지 못했던 저항이었다. 그들은 설령 독일군이 공습과 포격에서 아직까지 살아남았다 하더라도 심리적 공황상태에 빠져 더 이상의 반격을 하지 못하리라고 예상했던 것이다.

저녁때까지 뉴질랜드군은 193고지를 점령했으나 마을에서, 특히 엑셀시오르(Excelsior) 호텔과 철도역 주변에서 공수부대를 몰아내는 데는 실패했다. 또한 폭격

카시노 마을의 폐허 속을 달리는 모터사이클 팀 3월 19일, 공수부대는 필사적인 근접전 끝에 몬테 카시노 사면에서 뉴질랜드군 전차 17대를 격파했다. 3월 20일, 영국의 처칠 수상은 알렉산더 장군에게 카시노에서 진전이 없는 이유를 물었다. 알렉산더는 공습과 포격으로 마을의 길들이 파괴되어 전차 기동이 크게 제한되고 있다는 것과 독일군 공수부대의 끈질긴 저항을 그 원인으로 들었다. 그들은 엄청난 포격과 대규모 공습에도, 심지어 공군이 지중해 전역의 모든 항공기를 동원하여 공습에 나섰는데도 끈질기게 버텼던 것이다.

과 포격이 지면을 온통 엉망으로 만들었기 때문에 전차들이 보병들을 지원하기 위해 기동할 수가 없었다. 게다가 하이드리히는 카시노 주변의 독일군 사단 포병연대와 제71박격포연대에게 포격하라고 명령하여 연합군을 곤란에 빠뜨렸다. 제71박격포연대는 아퀴노(Aquino) 인근에 88밀리미터 대공포 분견대까지 거느리고 있었고, 이들은 특히 뉴질랜드군의 공격을 효과적으로 둔화시켰다.

인도 제4사단은 3월 15일 저녁에 193고지를 통과해 165고지로 나아갔다. 이 과정에서 193고지의 제3낙하산연대 1대대 2중대가 전멸하면서 몬테 카시노 방어선에

카시노에서 공수부대가 승리할 수 있었던 중요한 요인 중 하나는 주도권 장악에 성공한 용감한 초급지휘관들이 있었다는 것이다. 제3낙하산연대 6중대 소속 지그프리트 얌로브스키(Siegfried Jamrowski) 중위도 그런 지휘관들 중 한 명이었다. 3월 중순, 그의 연대는 카시노 마을을 방어하고 있었다. 맹포격을 받은 얌로브스키 중위가 잔해를 뚫고 나오는 데만 12시간이 걸렸다. 그는 6중대장과 8중대장직을 겸임하면서 적의 진격을 둔화시키고 새로운 방어선을 구축하여 마을의 중앙 및 남서부 지역에 있던 공수부대들의 측면을 방어했다. 그는 신속한 판단으로 마을의 함락을 막았고, 그 공로로 기사십자훈장을 받았다.

제4차 카시노 전투는 1944년 5월 11일에 시작되었다. 폴란드 제3사단 소속 제15카르파티아여단이 중요 거점인 '갈보리 언덕'을 점령했으나, 독일 공수부대의 필사적인 반격에 몇 시간 만에 도로 내주어야 했다. 제3낙하산연대의 쿠르트 페트(Kurt Veth)는 일기장에 그날 전투 상황을 이렇게 적었다. "경사면에는 무수한 시체들이 널려 있다. 악취가 진동하고, 물도 없고, 잠도 잘 수가 없다. 본부에서는 부상 부위를 절단하는 수술이 실시되고 있다."

카시노에 있던 독일 전차 독일 제14기갑군단의 병사들은 건물을 이용해 전차를 엄폐하는 데 뛰어났다. 연합군 전차도 엄청난 파괴력을 발휘했다. 예를 들어 영국 제2기갑여단은 제15카르파티아여단의 돌격을 지원하면서 제3낙하산연대 3중대를 전멸시켰다.

카시노에서 마지막 시간을 보내는 독일군 공수부대 "5월 17일, 기욤(Guillaume) 장군이 이끄는 모로코군이 전선을 40킬로미터나 돌파했고, 안더스 장군도 제1낙하산사단에 대한 공격을 재개했다. 갈보리 언덕을 차지하기 위한 혹독한 전투가 10시간 동안이나 여기저기에서 벌어지고 있다. 폴란드군은 또 한 번 큰 인명피해를 입었지만 아직도 그들의 목표를 달성하지 못하고 있다. 영국군 제4사단도 독일 제4낙하산연대의 저항 때문에 카시노 마을 공격에 실패하고 있다."(루돌프 뵘러)

구멍이 뚫렸다. 인도군은 236고지 점령을 시도했으나 실패했고, 그 동안 구르카(Gurkha) 분견대가 수도원에서 400미터 떨어진 435고지를 점령했다. 3월 17일에는 연합군이 카시노의 철도역을 점령하고 마을을 완전히 포위했다. 공수부대는 3월 18일에서 19일로 넘어가는 야간에 제4낙하산연대 1대대로 193고지에 반격을 가했으나 격전 끝에 패퇴했다.

가혹한 전투가 계속되자, 알렉산더 장군은 3월 21일에 회의를 열어 공세를 중지하는 방안을 검토했다. 프레이버그가 이에 반대했으나, 다음날 다시 시작된 뉴질랜드군의 공격이 아무 성과도 거두지 못하자 알렉산더는 그날로 공세를 중지시켰다. 일시적인 교전 중지로 양군은 재편성할 수 있는 시간을 얻게 되었다. 연합군은 3월 셋째 주에 교량과 도로, 철도를 폭격하여 독일군의 보급로를 차단하는 '스트랭글

(Strangle)' 작전을 시작했다. 그 동안 독일 제10군은 재편성을 실시했다. 티레니아(Tyrrhenia) 해안에서 리리 강에 이르는 지역의 전체 지휘권이 폰 젱어 운트 에털린(von Senger und Etterlin) 장군의 제14기갑군단으로 넘어갔고, 리리에서 알페데나(Alfedena) 사이에 배치된 사단들은 포이어슈타인(Feuerstein) 장군의 제51산악군단 예하에 배속되었다. 카시노 지역은 여전히 제1낙하산사단이 지키고 있었다. 제4낙하산연대는 마을과 수도원 언덕을, 제3낙하산연대는 그 북동쪽을 지키고 있었고, 제1낙하산연대는 2개 기계화보병대대를 증원받아 사단 예비대로서 후방에 대기했다.

연합군 제15집단군도 부대를 재편성하고 있었다. 프랑스 원정 군단은 영국 제10군단이 교두보를 확보한 가릴리아노 강 상류로 이동했다. 안더스(Anders) 장군의 폴란드 제2군단은 카시노 북쪽 언덕지대로 이동했고, 그 동안 미국 제2군단(제85·88사단)은 가릴리아노 강을 따라 하류 쪽으로 내려가서 대기했다. 뉴질랜드 군단은 후방에 있던 영국 제13군단 및 캐나다 제1군단과 교대했다. 영국 제10군단은 라피도 강 상류로 이동했고, 카시노 지역에는 영국 제8군 전력의 대부분이 집결했다.

1944년 5월 11일, 전과 다름없이 대규모 공습과 포격에 이어 미국 제5군과 영국

몬테 카시노 주변에는 숨을 만한 곳이 거의 없었기 때문에 방어군과 공격군 모두 엄청난 사상자가 발생했다. 또한 독일군은 북부의 몬테 시팔코 정상에서 폴란드 제2군단의 모든 공격지역을 훤히 내려다보고 있었다.

1944년 5월, 카시노 마을과 수도원이 함락된 이후 영국군 병사 한 명이 독일군 두 명을 포로로 잡아 호송하고 있다. 남쪽에서 프랑스 원정 군단과 미국 제2군단이 전선을 돌파함에 따라 독일 제10군은 포위당할 위험에 처했다. 따라서 케셀링 원수는 5월 17일에 카시노 지역의 전 독일군에게 철수하라고 명령했다. 다음날 밤, 제낙하산사단이 산을 넘어 서쪽으로 철수하기 시작했다. 5월 18일 아침, 폴란드군이 수도원 폐허에 밀어닥쳤다. 카시노 전투에서 양군은 20만 명에 이르는 사상자를 냈다. 해롤드 알렉산더 장군은 카시노의 독일군 공수부대에 대해 이렇게 말했다. "그토록 끈덕지고 용기 있게 거점을 방어할 수 있는 군대는 이 세상에 없다. 그들은 대담하고, 잘 훈련되어 있으며, 무수한 전투와 작전을 통해 단련된 병사들이다."

제8군이 공세를 개시했고, 이로써 제4차 카시노 전투가 시작되었다. 연합군은 카시노 지역 남부, 특히 프랑스군 구역에서 상당히 많이 전진했다. 그러나 안더스의 군단은 힘든 시간을 보내야 했다. 그의 폴란드 제5사단은 5월 11일에서 12일로 넘어가는 야간에 산탄젤로를 향해 공격했으나 피해를 입고 격퇴당했다. 폴란드 제3사단은 593고지를 점령했으나, 5월 12일 독일군 공수부대의 반격으로 고지에서 다시 쫓겨났다. 폴란드군은 5월 13일과 14일에도 공격했으나, 공수부대가 끈질기게 항전하고 독일군의 위력적인 포격이 이어지면서 패퇴했다. 독일 포병들은 914미터 높이의 몬테 치팔코(Monte Cifalco) 정상에 관측소를 설치하고 폴란드 제2군단의 모든 공격지역을 감제하고 있었다. 그러나 제1낙하산사단 우익의 전황은 독일군에게 불리하게 돌아가고 있었다.

5월 17일, 영국 제13군단의 부대들이 공수부대 후위를 효과적으로 절단하며 피우마롤라(Piumarola)를 점령하고 비아 카실리나(Via Casilina)에 도달했다. 5월 16일에 몬테 페트렐라(Monte Petrella)를 점령하고 5월 19일에는 피코(Pico) 남쪽에 도달한 프랑스군의 움직임은 독일군에 더욱 불리했다. 미국 제2군단이 5월 17일에 포르미아(Formia)를 점령하고 5월 19일에 몬테 그란데(Monte Grande)를 점령하면서 독일군은 위기에 몰렸다. 몬테 카시노는 이제 독일군 구스타프 방어선을 지탱하고 있는 유일한 기둥이었다.

5월 17일, 안더스 장군은 공격을 재개하여 갈보리 언덕을 점령하기 위해 10시간 동안 전투를 벌였다. 폴란드군의 공격은 공수부대에 의해 모조리 격퇴되었으며, 고지 아래의 마을을 점령하기 위한 영국 제4사단의 공격 역시 마찬가지였다. 카시노의 녹색 악마들은 영웅적인 전투를 펼쳤다. 그러나 아이러니하게도 몬테 카시노는 이미 전략적 중요성을 잃은 지 오래였다. 프랑스 원정 군단과 미국 제2군단이 방어선을 깊이 돌파하면서 3일 만에 40퍼센트의 전력을 잃은 독일 제10군은 남쪽에서 포위당할 위험에 처해 있었다. 5월 17일, 케셀링은 카시노 전선의 전 독일군에게 철수 명령을 내렸고, 그날 밤 제1낙하산사단은 산을 넘어 서쪽으로 철수하기 시작했다. 5월 18일 새벽, 폴란드 제12포돌스키연대 병력이 수도원 폐허를 덮쳤을 때 거기서 발견할 수 있었던 것은 후송할 수 없을 만큼 큰 부상을 입은 공수부대원들뿐이었다.

사상자는 엄청났다. 독일군은 카시노 구역 방어전에서 2만 5,000명을 잃었으며 폴란드군도 몬테 카시노 공격에서만 1,000명을 잃었다. 심한 피해를 입었으나 여전히 전투의지가 충만했던 독일 제1낙하산사단은 성공적으로 철수했고, 독일군의 퇴각에 따라 더 북쪽에서 전투를 계속해나갔다. 그들이 몬테 카시노에서 치른 전투는 전설로 남게 되었다.

카시노와 안치오에서의 영웅적인 전투 이후, 이탈리아
에 주둔하던 독일 공수부대들은 북으로 철수해 육군
전우들과 함께 고딕 방어선에 배치되었다. 1944년 하
반기에 이탈리아의 연합군은 인력과 물자 면에서 압도
적으로 우위에 있었으나, 독일군, 특히 베테랑 공수부
대와의 힘겨운 싸움은 앞으로도 많이 남아 있었다.

1944년 8월 첫째 주, 이탈리아의 영국 제8군은 최근에 연합

군이 점령한 플로렌스(Florence)와 아르노(Arno) 강으로 이어진 폰테 베치오(Ponte Vecchio)에 머물러 있었다. 이 부대는 미국 제5군과 연합작전을 펼쳐 이탈리아의 추축군을 전면 철수시켰고, 연합군 지도자들은 그들이 곧 아펜니노 산맥 북부와 포(Po) 계곡에서 독일군을 몰아내고 알프스, 발칸 반도, 더 나아가서 오스트리아까지 진격할 수 있으리라는 희망에 부풀어 있었다.

1944년 6월, 연합군은 로마를 해방시켰고 2개월간의 하계 전역을 통해 추축군을 북쪽 아르노 강으로 240킬로미터나 후퇴시켰다. 이제 연합군은 아르노 북부, 즉 송심이 24~48킬로미터에 이르며 일련의 요새화된 길과 산봉우리들로 이루어진 고딕

1944년, 북부 이탈리아의 산 속에서 전투하는 공수부대 기관총 팀 점프 스목의 아랫단에 달린 똑딱이가 잘 보인다. 오른쪽에 나온 장갑 낀 손은 아마 사격 방향을 지시하고 있는 하사관의 손일 것이다.

이탈리아에서 미군 전차에 불을 뿜고 있는 공수부대의 50밀리미터 Pak-38 대전차포 땅에는 육군 보병용 헬멧이 굴러다니고 있고, 포수들은 다양한 점프 스목을 입고 있다.

방어선을 향해 진격했다. 고딕 방어선은 리구리아 해(Ligurian Sea)로부터 시작해 피사(Pisa), 플로렌스를 지나 동쪽으로 뻗어 있었다. 거기서 좀더 동쪽으로 나가면 아드리아 해에 도달하게 되는데, 거기서 아펜니노 산맥의 북쪽 꼬리는 점차 낮아져서 해안가 평지에 이르렀다. 고딕 방어선은 산에서 바다로 흐르는 많은 하천과 각종 수로들을 끼고 있었다. 그 중 방어지대의 바로 북쪽에 자리 잡고 있는 볼로냐(Bologna) 시가 이 방어선의 핵심으로 철도 간선 및 도로 교통망의 요지였다.

1944년 6월 6일, 연합군이 프랑스 침공을 시작한 이후 전투 경험이 있는 많은 연합군 사단들이 유럽 북서부 전역으로 이동하면서, 고딕 방어선에 접근한 영국군과 미군은 전쟁이 끝날 때까지 그 상태를 유지하는 방안도 고려했다. 그러나 이것은 추축군 지도자들이 최소한의 병력으로 방어선을 유지하면서 나머지 병력을 다른 곳에 투입하게 할 수 있었다. 더욱이 영국의 수상인 윈스턴 처칠은 동부전선에서 소련군이 빠르게 진격하고 있는 것에 점점 더 불안해졌고, 동유럽에 대한 서유럽 국가의

고딕 방어선에서 운용되고 있는 80밀리미터 박격포 GrW-34 박격포는 독일군의 모든 전선에서 사용되었으며 정확성이 높았다. 아주 훈련이 잘 된 포반이 사용하면 분당 25발을 쏠 수 있었다. 무게가 62킬로그램인 이 장비는 대개 3인 1조로 운용되었다. 사거리가 2,400미터에서 1,100미터로 단축된 GrW-42 슈툼멜베르퍼(Stummelwerfer, 제2장 참조)를 비롯한 많은 변형들이 있다. GrW-42 슈툼멜베르퍼는 1943년부터 실전에 배치되기 시작했으나, 이 당시 낙하산사단들은 평범한 보병부대로 운용되고 있었다. 그 결과 이 포의 생산량은 1,591문에 그쳤으며, 그 모두가 1943년에 생산된 것이었다.

1944년 이탈리아군 공수부대원들과 독일 제4낙하산사단의 대원들 이탈리아가 연합국에 항복한 이후, 넴보 독립 공수대대와 폴고레 공수사단 출신 병사들 중 상당수가 이 독일 공수사단에 합류했다. 독일인 전우들과 함께 훌륭하게 싸운 이들은 이탈리아군도 장비를 제대로 보급받고 훌륭한 지휘를 받으면 다른 독일 병사들만큼 싸울 수 있다는 점을 입증해 보였다.

제4낙하산사단의 장비 이 사진을 통해 이탈리아 전선이 막판으로 치달으면서 공수부대들이 다양한 장비를 혼용하고 있음을 알 수 있다. 맨 왼쪽 병사는 구형 회록색 점프 스목과 보병용 헬멧을 착용하고 있으며, 그 오른쪽 병사는 이탈리아 공수부대용 헬멧을 쓰고 독일식 얼룩위장무늬 점프 스목을 입고 있다.

이익과 지중해에서의 영국의 이익이 위협받고 있다고 느끼고 있었다. 따라서 그는 포 계곡에 지속적인 압박을 가하고 동쪽으로는 발칸 반도, 북쪽으로는 류블랴나 (Ljubljana) 협곡으로 진격하여 붉은 군대보다 먼저 다뉴브(Danuve) 계곡에 도달함으로써 오스트리아와 헝가리를 확보하고자 했다(그러나 이번에도 미국은 처칠이 가지고 있던 소련에 대한 의심이나 동부 유럽 전역에 대한 열정에 전혀 공감하지 않았다). 하지만 연합군은 고딕 방어선을 돌파하고 아펜니노에 도달하려는 공세 작전을 계속 펼치기로 결정했다.

1944년 8월, 연합군의 제15집단군은 육군원수 해롤드 알렉산더 경이 지휘하고 있었다. 이 부대에는 아르노 강 어귀의 리구리아 해부터 플로렌스 서쪽까지의 연합군 전선 서부를 맡은 마크 클라크(Mark Clark) 중장의 미국 제5군(제2 · 4군단으로 구성)이 포함되어 있었다. 전선의 동부는 보다 규모가 큰 올리버 리스(Oliver Leese) 중장의 영국 제8군(폴란드 제2군단, 캐나다 제1군단, 영국 제5 · 10 · 13군단으로 구성)이 맡았다. 이 부대는 플로렌스부터 아드리아 해안의 파노(Fano) 남부까지의 전선을 담당했다.

제C집단군으로 편성된 이탈리아 전선의 추축군은 알베르트 케셀링 원수가 지휘했다. 클라크의 미국 제5군에 맞서는 부대는 요아힘 레멜젠(Joachim Lemelsen) 중장의 제14군으로, 제1낙하산군단 및 제14기갑군단 예하의 10개 사단을 거느리고 있었다. 동쪽에서는 하인리히 폰 피팅호프 장군 휘하의 제10군이 영국 제8군과 대치했고, 예하에 제76기갑군단 및 제51산악군단에 소속된 12개 사단을 보유했다. 북부 이탈리아의 기타 추축군 전력으로는 리구리아군과 아드리아 사령부가 있었으며, 이들은 대 게릴라전과 각종 후방임무를 수없이 수행했다.

리스 장군은 제8군이 아드리아 해안을 공격하여 리미니(Rimini)까지 전진함으로써 미국 제5군 전면에 있는 추축군의 예비부대를 끌어내자는 계획을 지지했다. 그렇게 되면 클라크가 플로렌스에서 북쪽 볼로냐를 향해 후속 공격을 가하여 고딕 방어선을 공격할 수 있었고, 그 후 양군이 연계하여 볼로냐를 점령하고 포 계곡의 추축군 부대를 포위 및 섬멸할 수 있었다. 이 작전 암호명은 '올리브(Olive)'였다.

작전은 8월 25일에 영국 제5군단과 캐나다 제1군단이 아드리아 해안을 따라 공격

전차 포탑 위에서 이탈리아 전선에서 독일군은 여러 전차들을 지면에 포탑만 남기고 땅에 파묻어 대전차포대로 사용했다. 제1 공수대전차대대의 일병 헤르베르트 프리스(Herbert Fries)도 이런 전차에서 포를 조작하여 제1낙하산사단의 카시노 구역 철수를 엄호했다. 그는 피에디몬테(Piedimonte) 서쪽에 주둔하며 1944년 5월 21일~23일에 셔먼 전차 20대를 격파했다. 그는 이 공로로 기사십자훈장을 받았다.

은폐물을 찾아서 1944년 후반 이탈리아에서 독일군 철수 도중 한 공수부대원이 은폐물을 찾아서 달리고 있다. 이 기간에 제1 낙하산사단장 리하르트 하이드리히 소장은 제1낙하산군단장으로 부임했고, 그의 후임은 카를 로타 슐츠(Karl Lothar Schulz)가 맡게 되었다. 슐츠는 안치오와 북부 이탈리아 철수작전에서 세운 공적으로 백엽검 기사십자훈장을 받았다. 이 기간에 제1낙하 산사단에는 제1낙하산박격포대대가, 제4낙하산사단에는 제4낙하산박격포대대가 신설되어 화력이 증강되었다.

하면서 시작되었다. 연합군은 영국 사막 공군(British Desert Air Force)의 지원을 받으며 공세를 펼쳐 고딕 방어선을 신속히 돌파했고, 8월 30일에는 페사로(Pesaro)라는 해변 마을 근교까지 진격했다. 그러나 케셀링은 곧 제26기갑사단, 제29기계화보병사단, 제356보병사단을 동원해 돌파구를 봉쇄했다. 추축군은 끝없어 보이는 강과 산맥, 그리고 악천후를 이용해 영국 제8군 예하 부대들을 저지했고, 이 때문에 결국 연합군은 9월 3일까지 리미니와 로마냐(Romagna) 평원에 도달하려던 목표를 달성할 수 없었다.

클라크는 1944년 9월 10일에 휘하 2개 군단이 공격을 시작하게 함으로써 올리브 작선을 실시하려고 했다. 예상대로 독일군은 연합군이 진격하기 며칠 전 고딕 방어선을 향해 퇴각했으며, 초기의 저항은 미미했다. 그러나 선발부대가 산맥에 도착했

이탈리아에서 거행된 사열 앞쪽에 있는 사람은 스페인 내전 중 독일 콘도르 (Condor) 군단에서 종군했음을 나타내는 스페인 십자장을 달고 있다. 그가 착용한 전투화는 1939년 개전 직후 도입한 앞 여밈 방식의 제2형 공수전투화이다. 이 전투화는 징을 박은 밑창과 뒷굽이 달린 기존의 전투화들과 같은 디자인을 채택하고 있다. 제1형 공수전투화는 옆 여밈 방식이어서 발목을 더 잘 보호했다. 이 가죽전투화는 흑색과 짙은 갈색의 두 가지가 있었으며, 밑창과 뒷굽은 지그재그 문양이 들어간 성형 고무로 만들어져 있었다. 전투화의 끈을 꿰는 구멍은 12개였으며, 전투화의 높이는 종아리 중간까지 왔다. 옆 여밈식 전투화는 1941년 크레타 전투를 기점으로 재고가 소진되어 희귀해졌다.

193쪽에 나오는 공군 지상돌격 휘장의 패용증 제2대공포연대의 하우저 (Hauser) 하사라는 인물(신분을 밝히지 않기 위해 이름은 가려놓았다)에게 수여되었으며, 그는 훗날 지상돌격 50회 휘장을 받게 된다. 등급에 따라 지상돌격 휘장의 디자인이 달라지던 육군과는 달리(25회 및 50회 휘장의 디자인은 75회 및 100회 휘장의 디자인과 달랐다), 공군 휘장은 전 등급의 기본 디자인이 같았다. 이 패용증의 날짜가 1945년 4월 20일로 되어 있는 것에서 알 수 있듯이, 전쟁 말기에는 많은 공군 부대들이 독일 육군 및 무장친위대와 함께 지상전을 벌였다.

공군 지상돌격 25회 휘장 화환의 위쪽 중앙에는 지상에 벼락을 내리꽂는 구름이 들어가 있다. 구름 위에는 독일 공군을 상징하는 독수리가 날고 있다. 휘장 맨 아래쪽의 네모칸 속에는 수여 대상자가 벌인 지상전투의 횟수가 적혀 있다. 네모칸 양쪽의 떡갈나무 잎사귀 위로 다른 잎이 한 장씩 튀어나와 있으며, 거기서부터 양쪽으로 3장씩 떡갈나무잎 묶음 7개가 나와 화환을 이루며 휘장 맨 위에서 만나고 있다. 공수부대와 돌격포부대 대원들에게도 이러한 휘장이 수여되었다.

지상돌격 휘장을 달고 있는 신원을 알 수 없는 독일 공군장교 이 휘장은 독일 육군을 지원하는 작전에 투입된 공군 장병들을 치하하고자 1942년 3월 31일에 제정되었다. 이 휘장이 제정되기 전에 공군 장병들에게 수여되었던 육군의 일반돌격 휘장, 보병돌격 휘장, 전차돌격 휘장 등은 모두 이 휘장으로 교체되었다. 수여 대상은 서로 다른 날짜에 세 번 이상 지상전에 참가한 사람, 지상전 수행 중 부상을 입은 사람, 지상전으로 다른 훈장을 받은 사람들이었으며, 지상전 수행 중 전사한 사람에게도 추서되었다. 공수부대원과 롤격포부대원도 이 조건을 충족시키는 경우 휘장을 수여받을 수 있었다.

을 때 전투는 다시 격렬해졌다. 영국 제8군이 동쪽에서 공격해오면서, 푸타(Futa) 고개와 일 지오고(Il Giogo) 고개에는 대부분의 추축국 방어 병력이 빠져나간 상태였으며, 제1낙하산군단의 제4낙하산사단 예하 3개 연대만이 남아 있었다. 서쪽에서는 제65 · 362보병사단만이 남아서 미국 제4군단과 대치했다.

산봉우리와 시냇물, 깊은 계곡 및 산마루로 이루어진 지형은 앞으로 소부대 전투가 압도적으로 많이 벌어질 수밖에 없다는 것을 암시했다. 독일 공수부대는 여느 때처럼 끈질긴 저항을 펼쳤다. 공수부대는 푸타 고개를 철저히 방어했지만 일 지오고 고개와 근처의 몬티첼리(Monticelli) 능선, 몬테 알투초(Monte Altuzzo)에서는 미군에

전방으로 텔러마인(Teller mine)을 운반 중인 공수부대원들 이런 종류의 대전차지뢰는 평평한 금속 실린더 모양의 스프링식 뚜껑을 갖고 있으며, 뚜껑에 압력이 가해지면 점화된다. 보통 TNT나 아마톨 폭약(Amatol)이 충전되어 있으며, 땅속에 5~10센티미터 깊이로 매설한다. 독일군은 폭발할 때 파편을 뿌려대는 효율적인 대인지뢰도 여러 종류 개발했다.

게 기습공격을 당했다. 격전을 치른 제1낙하산군단은 새로운 방어선을 구축하기 위해 9월 18일까지 다음 능선으로 후퇴했다. 간신히 한 구역에서 고딕 방어선을 돌파하여 용기를 얻은 미군은 공세를 계속 펼쳤고, 독일 공수부대도 모든 방어진지에서 격렬한 소부대 전투를 여러 차례 벌이며 미군의 공세에 대응했다.

9월 12일, 미국 제5군이 공세를 계속 펼치는 동안 영국 제8군도 올리브 작전을 재개했다. 영국 제5군단과 캐나다 제1군단은 9월 21일에 압도적인 기갑, 항공, 보병 전력의 우위를 이용해 독일군 제29기계화보병사단과 제1낙하산사단의 방어선을 돌파하고 로마냐 평원으로 가는 길목인 리미니를 향해 진격했다. 추축군의 맹렬한 저항과 폭우, 진창으로 변해버린 도로에도 불구하고 영국 제8군은 공세를 계속 펼쳤고, '강의 전투(battle of the rivers)'라는 3개월간의 작전이 시작되었다. 악천후와 적의 맹렬한 저항에 부딪친 영국 제8군의 진격은 지지부진했다.

날씨의 악화

악천후는 연합군의 진격에도, 독일군의 저항에도 악영향을 끼쳤다. 안개와 이슬비는 시계를 극도로 좁혀놓았고, 퍼붓는 폭우로 개울이 범람하고 교량이 유실되고 진창이 잔뜩 생기면서 산에서 병력과 보급품을 수송하는 일은 위험해졌다. 예를 들어, 미국 제5군 부대들은 10월 5일~9일에 1,400명의 사상자를 내가며 겨우 4.8킬로미터를 진격했다. 하지만 독일군도 그들의 완강한 저항에 대한 비싼 대가를 치렀다. 특히 반격을 시도하다가 많은 사상자를 냈다. 따라서 케셀링은 부하들에게 병력 보존을 위해 참호를 파고 종심방어전술을 사용하라고 지시했으며, 빼앗긴 산 정상을 탈환하려는 시도를 금지했다(그는 겨울이 오기 전에 미군이 아펜니노 산맥을 돌파하고 포계곡에 돌입한다면 이탈리아의 추축군은 붕괴할 수밖에 없다는 사실을 잘 알고 있었다).

격렬한 전투가 리베르냐노(Livergnano) 급사면에서 전개되었다. 이곳은 하나의 산에서 나온 몇 개의 가파른 봉우리가 동서로 이어지는 곳으로, 아펜니노 산맥 북부에서 독일군에게 가장 강력한 천연 방어거점을 제공하고 있었다. 10월 10일, 미국 제2군단의 공격이 시작되었다. 제85사단이 급사면의 중부에 있는 몬테 델레 포르미체(Monte delle Formiche)에 대한 1차 공격을 주도하는 동안, 제91사단과 제88사단은 추축군의 측면에 계속 압박을 가했다. 이에 맞서는 추축군 부대는 제4낙하산사단과 제65 · 94 · 362보병사단이었다. 미국 제85보병사단이 항공지원을 받으며 그날로 몬테 델레 포르미체를 점령하고 제91사단이 리베르냐노 급사면을 서쪽에서 포위하자, 10월 13일 추축군은 철수할 수밖에 없었다. 그러나 추축군의 저항과 돌투성이 지형, 악천후 때문에 제2군단은 볼로냐 남쪽 16킬로미터 지점에서 진격을 멈추었다.

탈진한 연합군

케셀링의 참모들은 케셀링에게 방어에 더 유리한 알프스로 후퇴하자고 건의했다. 그러나 소련군의 놀라운 진격속도와 북서유럽에서 연합군이 승리한 것을 목격한 히틀러는 케셀링에게 현 위치를 사수하라고 명령했다. 이것은 적어도 공수부대에게는 일상적인 일이어서 미군은 산 하나를 넘을 때마다 악전고투를 해야 했고, 제8군의 폴란드, 캐나다, 인도, 영국 병사들은 10월 15일에 리미니 북쪽을 공격하며 '강의 전투'를 계속했다. 그러나 연합군도 이토록 맹렬한 작전을 끝없이 감당할 수는 없었다. 그 좋은 증거로 9월 10일~10월 26일에 미국 제2군단의 4개 사단은 1만 5,000명 이상의 사상자를 냈으며, 영국 제8군은 1만 4,000명 이상의 사상자를 냈다.

1945년 1월 초, 이탈리아의 연합군은 대규모 군사작전을 중지한다. 악천후에다가 제8군 예하의 5개 사단 및 1개 군단 사령부가 북서유럽으로 이동하면서 이탈리아의 연합군 전력은 더욱 약해졌다. 알렉산더와 클라크, 트러스코트(Truscott), 맥크리리(McCreery)는 겨울 동안 방어체제로 전환하여 1945년 4월 1일로 예정된 새로운 공세를 준비하자고 합의했다. 2개월간의 계획과 제한적인 공세에도 불구하고 연합군의 겨울 전선은 1944년 10월의 전선에서 그다지 나아가지 못했다. 봄이 오자 연합군의 제15집단군은 새로운 시도에 나서 포 계곡으로의 진격을 준비했다. 그러나 독일군도 인원, 항공기, 기갑, 포병 등 모든 면에서 열세였지만 대단한 용기와 회복력을

카메라에 등을 보인 공수부대원이 가진 총은 독일 공수부대를 위해 특별히 설계된 무기 중 하나로서, 라인메탈(Rheinmetall) 사에서 만든 7.92밀리미터 팔쉬름얘거게베어(Fallschirmjaegergewher: FG) 42 자동소총이다. 특이한 모양의 개머리판에는 반동을 줄여주는 완충 스프링 뭉치가 들어 있다.

보여주었다.

해가 바뀌어 1945년이 되었지만, 이탈리아의 연합군은 여전히 24개 독일군 사단과 5개 이탈리아 파시스트군 사단으로 구성된 조직력이 강하고 결사적인 적과 맞서고 있었다. 그 중에서도 최강의 부대는 독일군 제10군에 소속된 제1낙하산군단이었다. 이 독일 공수부대는 당시 전투경험이 가장 풍부한 정예부대였고, 차량 및 항공지원이 제대로 이뤄지지 않고 장비 역시 부족한 가운데서도 비교적 완전한 부대조직을 유지하고 있었다. 북부 아펜니노 산맥을 따라 펼쳐진 추축군의 첫 번째 방어선은 볼로냐를 보호하면서, 80킬로미터 더 북쪽에서 동서로 이어지는 포 계곡의 입구를 봉쇄하고 있었다. 두 번째 방어선은 이탈리아 북서부에서 발원하여 구불구불 굽이치며 아드리아 해로 흘러드는 포 강을 끼고 구축되있다. 알프스 산맥 구릉지대에 있는 세 번째 방어선은 가르다(Garda) 호수의 동쪽과 서쪽까지 뻗어 있었다. 강 이

공수부대 위장 헬멧 이 헬멧은 강하 시의 엄청난 풍압을 견딜 수 있도록 설계했다. 또한 낙하산 줄이나 멜빵 줄과 엉키지 않게 설계했다. 특수 목끈과 턱끈이 헬멧의 측면과 뒷면에 부착되어 있다.

름을 따서 '아디제(Adige) 방어선'이라고 불리는 이들 세 방어선은 추축군이 이탈리아 북동부와 오스트리아로 후퇴할 때 퇴로를 엄호하는 마지막 저지선이었다.

마지막 진격

이탈리아에서 연합군의 최후 공세는 1945년 4월 5일에 시작되었다. 독일의 제26기갑사단, 제98 · 362보병사단, 제4낙하산사단, 제42경보병사단은 아드리아 해안에서 영국 제8군과 싸웠다. 4월 18일에는 연합군이 아르젠타(Argenta) 협곡을 돌파하면서 모든 추축군이 측면에서부터 포위당할 수 있는 위기에 빠졌다.

연합군의 진격을 둔화시키기 위해 고딕 방어선 내의 산길을 폭파하는 장면 1944년 9월, 제4낙하산사단의 3개 연대는 푸타 및 일 지오고 고개를 지키고 있던 중 미국 제85사단 및 제91사단의 공격을 받았다. 미군은 일 지오고 고개, 몬티첼리 능선, 몬테 알투초를 공격했으며, 9월 12일~18일 6일 동안 격전으로 2,730명의 병력을 잃었다. 그러나 그도록 압도적인 화력을 쏟아붓고도 독일 공수부대를 내몰 수 있었던 곳은 일 지오고 고개 뿐이었다.

이들은 제4낙하산사단의 장병들로 추측된다. 이 사진에는 두 가지 종류의 탄입대가 나와 있는데, 사진 오른쪽 병사는 공수부대용 소총 탄띠를 두르고 있으며, 왼쪽 병사는 기관단총용 탄약주머니를 차고 있다. 이 사단은 1944년 11월 플로렌스 지역에서 연합군의 강력한 공격을 격퇴하기 위해 격전을 벌였다. 이 전투로 많은 공수부대원들이 무공훈장을 받았으며, 그 중에는 기사십자훈장을 받은 제12낙하산돌격연대 3대대장 에리히 바이네(Erich Beine) 대위와 역시 기사십자훈장을 받은 제1낙하산사단 제4낙하산연대 소속 루돌프 돈트(Rudolf Donth) 상사가 있었다. 돈트 상사는 사비오(Savio) 지역에서 적 전차 공격을 세 번이나 격퇴했으며, 마지막 공격 때는 직접 적 전차 6대를 격파했다. 그는 훗날 몬테 카스텔로(Monte Castello) 근교에서 영국군 1개 대대의 공격을 격퇴하기도 했다.

이탈리아 전역의 막바지 무렵, 막강한 화력을 보유한 공수부대원들의 전형적인 모습 가운데 병사가 어깨 위에 걸친 화기는 MG-42로 역대 기관총 중 가장 정교한 것 중 하나이다. MG-42는 분당 1,200~1,500발이라는 전설적인 발사속도 덕분에 짧은 연사만으로도 엄청난 화력을 퍼부을 수 있었다. 연합군 병사들은 이 총 특유의 종이를 찢는 듯한 총성을 두려워했지만, 정작 독일군 병사들은 이 기관총을 충분히 보유할 수 없었다. 총 41만 4,964정이 생산되었으며, 독일 공군에 인도된 양은 4,014정이었다. 이 기관총은 뛰어난 기술을 적용해 제작하고 다양한 아이디어를 설계에 반영했다. 특히 재료와 기능 면에서 여러 가지 시도가 이루어져 총열 교환이 쉬우며, 그 밖에도 많은 장점들을 가지고 있었다. 그 결과 이 화기는 극심한 악천후 속에서도 효율적이고 안정적으로 작동하는 화기가 될 수 있었다. MG-42의 총구속도는 822m/s이며, 사거리는 1,000m/s이다.

미군 구역에서는 연합군 지중해 전략공군에 소속된 760대 이상의 중폭격기들이 5월 15일 오후 내내 제14기갑군단 예하의 제65사단과 제8산악사단, 제1낙하산군단 예하의 제1낙하산사단, 제305보병사단의 거점을 폭격했다. 독일군은 전투를 계속했으나 지상과 공중에서 가해지는 적의 맹공 앞에 점차 흔들리기 시작했다. 4월 18일, 추축군 방어선이 무너지면서 미국 제5군의 주력이 볼로냐 서부를 통과했다. 이틀 후, 미국 제5군과 영국 제8군은 아펜니노 구릉지대에서 포 강의 도강점을 향해 기갑부대를 이용한 전격전을 펼쳤다. 이제 전투는 연합군과 추축군 중에서 누가 먼저 포

강에 도달하여 알프스 산맥 구릉지대를 벗어나는가를 놓고 달리기 경주를 하는 양상을 띠게 되었다.

희망 없는 임무

제1·4낙하산사단은 전우들이 탈출할 시간을 벌어주기 위해 필사적으로 싸웠다. 그러나 연합군은 그들의 방어선을 유린하고 이 추축군 후위부대들을 괴멸시켰다. 연합군의 압도적인 항공력이 지상군을 강력하게 지원하면서 산악 전투의 우위는 사라졌다. 연합군의 신속한 진격으로 수많은 추축군 병사들이 고립되었고, 연합군은 이들을 소탕하기 위해 특수임무부대를 편성했다. 결국 10만 명 이상의 추축군 병사들이 포 강 남쪽 지역에서 항복할 수밖에 없었다.

4월 24일, 미국 제5군의 전선 전체가 포 강에 이르렀다. 동쪽의 영국 제8군 부대들은 23일 밤에 포 강에서 몇 킬로미터 떨어진 지점에 도달했다. 하지만 독일군은 연합군의 도강을 막을 수 없었다. 4월 26일에 연합군은 베로나(Verona)를 점령함으로써 이탈리아의 추축군 최후방어선인 아디제 방어선까지 도달했다. 이제 독일군은 응집력 있는 방어선을 구성하는 데 필요한 인원과 물자도 바닥난 상태였다. 사실 이 시점에서 대부분의 추축군 부대들은 소규모 집단들로 쪼개져서 허겁지겁 퇴각하고 있었고, 그것은 연합군의 가공할 압박 앞에서 그들이 구사할 수 있는 최선의 전술이기도 했다.

연합군의 진격에 따라 추축군의 저항은 매우 약해졌으며, 파르마(Parma), 피덴차(Fidenza), 피아첸차(Piacenza) 등이 연합군에게 잇달아 함락되었다. 수만 명의 추축군 군인들이 연합군의 포로가 되었으며, 만신창이가 된 제1낙하산사단과 제4낙하산사단의 생존자들은 5월 초에 항복했다. 5월 3일 오후, 독일군의 프리돌린 폰 젱어 운트 에털린(Fridolin von Senger und Etterlin) 중장은 피팅호프 장군을 대신해 연합군에게 공식 항복했다.

서부전선의 독일 낙하산사단들은 연합군의 막강한 화력과 공군력에 맞서 노르망디 교두보를 봉쇄하기 위해 용감히 싸웠고, 그 후에는 제3제국의 국경을 지키기 위한 전투를 수행했다. 그러나 다른 독일군 사단과 마찬가지로, 공수부대도 무자비한 전투와 연합군의 압도적인 전력 앞에 스러져갔다.

1943년 11월 3일, 히틀러는 프랑스 점령지 방위를 위한 총통훈

령 51호를 내렸다. 훈령은 이렇게 시작되었다. "공산주의에 맞서 지난 2년 반 동안 벌인 고되고 값비싼 전투에 우리는 우리가 가진 거의 모든 군사적 자원과 역량을 투입했다. 이러한 헌신은 동부전선의 상황이 심각했을 뿐만 아니라 전반적인 전황이 그것을 허용했기 때문에 가능했다. 그러나 이제는 상황이 바뀌었다. 동부전선 상황이 여전히 심각한 상태에서 더욱 커다란 위험이 서부전선 위에 드리우고 있다. 미영 연합군의 상륙이 바로 그것이다! 그래도 동부전선에는 광활한 공간이라는 마지막 저지수단이 있으므로 방대한 영토를 상실하더라도 독일의 생존에 치명적인 타격을 입지는 않을 것이다. 그러나 서부전선에서는 그렇지 않다. 만약 적이 우리의 방어선

1944년 7월에 보카쥐(Bocage)에서 필름된 이 사진에는 FG 42 지동소총의 모습이 잘 나타나 있다. 이 총은 전쟁 중에 약 7,000정이 생산되었으며 방아쇠 기구는 단발 사격 시에는 노리쇠 폐쇄식, 연발 사격 시에는 약실과 총열이 냉각을 돕기 위해 노리쇠 개방식으로 작동한다.

을 전면적으로 돌파하는 데 성공한다면, 우리 제국은 순식간에 붕괴해버릴 것이다."

　계속해서 이 훈령에는 미영연합군의 침공에 대응하기 위해 서부전선 병력을 어떻게 조직할 것인가에 대한 세부적인 계획이 제시되어 있다. 거기에는 어느 정도 비현실적인 점도 있었으나 많은 독일군 부대에게 너무나도 분명하게 현실로 닥칠 내용이 적혀 있었다. "예상되는 막대한 병력손실을 신속히 보충할 수 있도록 다른 분야의 모든 동원 가능한 인력을 보충병 대대로 편성해야 하며, 현재 지급이 가능한 무기들로 그들을 무장시켜야 한다."

서부전선 독일군 전투서열

총통의 훈령에도 불구하고 서부전선의 독일 육군부대들은 연합군의 노르망디(Normandy) 침공 전날까지도 장비나 전투력, 숫자 면에서 계획에 크게 미치지 못했다.

노르망디에서 중무장한 공수부대 정찰대 탄대는 MG-42 기관총용으로 7.92밀리미터 탄약을 50발 또는 250발씩 공급한다.

1944년, 프랑스에서 쿠르트 슈투덴트 장군이 병사들을 사열하고 있다. 1943년부터 1944년 사이에 독일 공수부대는 확대 개편되었으며, 1944년 여름에는 훈련된 공수병력 3만 명을 보유하게 되었다. 이탈리아와 동부전선에서 입은 손실을 메우기 위해 부대들도 재건되었다. 1943년 2월, 제2공수연대와 제1공수포병연대의 1개 대대를 주축으로 제2낙하산사단이 편성되었다. 이 사단의 초대 사단장은 베른하르트 람케 장군이었다. 리하르트 쉼프(Richard Schimpf) 소장이 사단장으로 부임한 제3낙하산사단은 1943년 말에 프랑스 랭스에서 창설되었으며, 전투로 단련된 고참병들을 기간으로 하면서 젊은 신병들을 선발했다. 제5낙하산사단은 구스타프 빌케(Gustav Wilke) 중장이 지휘했으며 역시 랭스에서 창설되었다. 제6낙하산사단은 뤼디거 폰 하이킹(Ruediger von Heyking) 중장이 지휘했으며 아미앵(Amiens)에서 창설되었다.

1944년 6월, 서부전선 총사령관인 게르트 폰 룬트슈테트(Gerd von Rundstedt) 원수는 4개 군 예하의 총 58개 사단을 보유하고 있었다. 이 중 요아힘 레멜젠 장군의 제1군은 프랑스의 대서양 해안을 지키고 있었고, 프리드리히 돌만(Friedrich Dollmann) 장군의 제7군은 노르망디 지역 대부분과 브르타뉴(Brittany)를 지키고 있었다. 한스 폰 잘무트(Hans von Salmuth) 장군의 제15군은 르 아브르(Le Havre)와 플러싱(Flushing) 사이를, 게오르크 폰 조덴슈테른(Georg von Sodenstern) 장군의 제19군은 프랑스의 지중해 해안을 방어했다. 제7군과 제15군은 에르빈 롬멜 원수의 제B집단군으

보병은 죽어도 걷다 죽는다 1944년 초, 프랑스에서 촬영된 이 사진을 보면 공수부대용 헬멧뿐만 아니라 육군 보병용 헬멧도 눈에 띄며, 소총도 모든 대원이 소지하고 있는 것은 아니다. 이들은 얼룩무늬의 점프 스목과 앞 여밈식 공수전투화를 착용하고 있다. 1942년 프랑스의 샤토됭(Chateaudun), 드뢰(Dreux), 리옹(Lyon), 오랑쥬(Orange), 토이즈(Toyes) 등에 공수학교가 개설되었다.

프랑스에서의 젊은 공수부대 지원병들 1944년 중반의 낙하산사단 강화 계획은 인력 면에서는 대성공을 거두었다. 예를 들어 제3낙하산사단은 6월 초에 완전한 편제를 갖췄고 훈련을 완료했다. 그러나 장비 면에서는 문제가 심각했다. 이 사단은 무기, 특히 기관총과 대전차화기가 정수의 30퍼센트나 부족했고 탄약은 6일간 전투할 수 있는 양밖에 없었다. 또한 트럭은 정수의 40퍼센트만 보유하고 있었으며 트럭에 사용할 연료 보유량은 그 이하였다. 그에 비하면 사정이 좋은 제5낙하산사단에는 무기와 장비 부족분이 5퍼센트에 불과했다. 그러나 이 사단은 차량이 정수의 70퍼센트나 모자랐고 지원병 중 상당수가 D-데이까지도 공수훈련을 마치지 못했다.

로 조직했고, 제1군과 제19군은 요한네스 블라스코비츠(Johannes Blaskowitz) 상급대장의 제G집단군에 소속되어 있었다.

서부전선의 많은 독일군 보병·기갑·기계화보병사단들은 D-데이 바로 직전까지도 전력이 미달된 상태였고 2선급의 노획 전차로 무장하고 있었는데, 그것은 많은 병력과 장비가 동부전선에 차출된 데다가, 최신 무기와 장비는 동부전선에 최우선으로 공급한다는 정책이 있었기 때문이다. 이것은 연합군 상륙 당시에 공수사단들이 룬트슈테트의 부대 중에서 가장 강력한 전력임을 의미했다. 실제로 독일 공군(이 시점에 이르면 공수부대는 행정적으로는 공군에 소속되어 있었지만, 전장에서는 항상 육군의 통제를 받았다)은 이탈리아와 동부전선에서 입은 손실을 회복하고자 1943년 11월부터 공수사단을 재건해왔다. 그 결과 이탈리아에서 제1낙하산군단과 제2낙하산군단이 창설되었고, 제2낙하산군단은 1944년 4월 26일에 브르타뉴로 이동해 그곳을 방어하고 있던 부대들을 지원했다. 5월에 제2낙하산군단은 제3낙하산사단〔브르타뉴의 위엘고아트(Huelgoat)〕과 제5낙하산사단〔브르타뉴의 렌(Rennes)〕, 제2낙하산사단〔이 사단은 전력이 크게 약해져 독일의 쾰른-반(Köln-Wahn)에서 휴양과 재편성을 실시하고 있었다〕으로 구성되었다. 추가적으로 노르망디의 르세(Lessay)-몽 카스트르(Mont Castre)-카렝탕(Carentan) 사이에는 남작 폰 데어 하이테 소령 휘하의 제6낙하산연대를 배치했다. 제2낙하산사단 예하의 이 부대는 1944년 5월에 노르망디에 있던 유일한 독일 공수부대였다.

2개 공수군단 편성은 거대한 계획의 일부에 불과했다. 괴링은 총 10만 명의 병력을 보유하는 2개 공수군의 창설을 계획하고 있었다. 히틀러도 그 계획을 승인했다. 당시에는 이미 대규모 공수작전은 실시되지 않고 있었지만, 여러 공수부대들은 여전히 정예부대로 통했다. 징집병 중에서 어린 지원자(제6낙하산연대에 배치된 병사들은 평균연령이 17.5세에 불과했다)만을 골라 선발한 그들은 무장이 잘 되어 있었고 사기도 높았다. 예를 들어 1943년 10월에 랭스(Reims)에서 창설된 제3낙하산사단은 1944년 5월에 이미 1만 7,420명의 병력을 보유히고 있었다. 또한 공수부대들은 보병사단보다 지원화기 보유 비율이 높아 방어전을 할 때 특히 유리했다. 예를 들어

이 사진에서 너무 장밋빛으로 묘사되고 있기는 하지만, 독일군과 프랑스 민간인 간의 관계는 대체로 좋은 편이었다. D-데이 이전에 프랑스에서 복무하던 젊은 공수부대원들은 매우 우호적이었으며, 시골 지역에 주둔한 이들 부대들은 유격대의 활동에 거의 피해를 입지 않았다. 전투공병대대에 복무하던 폴만(Pollman) 일병은 그 전형적인 예였다. "나는 마르실리 쉬르 외르(Marcilly sur eure)에 주둔하던 중대에서 이브리 라 바타이유(Ivry la Bataille)의 중대본부로 전속되었다. 거기서 내가 속한 그룹은 장비를 정비하는 임무를 맡았다. 우리가 사용한 건물은 작은 오두막집과 넓은 헛간이었다. 야전 화장실은 작은 개천 옆에 있었다."

제6낙하산연대의 소총중대는 일반 보병사단 소총중대보다 두 배나 많은 경기관총을 보유하고 있었다.

오이겐 마인들이 지휘하는 제2낙하산군단은 제7군 예하에 있었고, 4월부터 히틀러는 노르망디에도 연합군의 침공 가능성이 있다고 보고 관심을 갖기 시작했다. 이에 제7군은 제6낙하산연대를 르세-페리에(Lessay-Periers) 지역으로 이동시켜 제91사단에 배속시켰다. 이 부대의 우선적인 임무는 적 공수부대의 강하를 저지하는 것이었다.

1944년 6월 6일, 서방 연합군은 역사상 최대 규모의 상륙작전을 감행했다. 침공부대가 기록한 통계 수치들은 경이로웠다. 최초 상륙 인원이 5만 명이었고, 총 39개 사단 2백만여 명이 프랑스에 상륙했다. 대형 전투함 139척, 소형 전투정 221척, 소해정(掃海艇)과 보조함 1,000척, 상륙주정(上陸舟艇) 4,000척, 상선 805척, 폐색선(閉塞船) 59척, 기타 소형주정 300척이 상륙에 동원되었다. 그리고 항공기도 전투기, 폭격기, 수송기, 글라이더를 모두 합쳐 1만 1,000대가 동원되었다. 또한 침공군은 10만 명이 넘는 프랑스 레지스탕스 대원의 지원을 받고 있었다.

'오버로드(Overlord)'라는 암호명이 붙은 연합군의 노르망디 상륙작전은 D-데이

공수부대 대공포병들이 지역 주민에게서 젖소를 징발해왔다! 대부분의 독일군 대공포병은 공군 소속이었으며, 종전 시에는 적어도 30개의 대공포사단과 무수한 대공포여단이 조직되어 있었다. 노르망디의 대공방어망은, 독일군이 물량전(Materialschlacht)이라고 부른, 끊임없이 공격해오는 연합군 항공기들을 막아내기에는 역부족이었다. 예를 들어 미국 제9공군과 영국 제2전술공군은 침공을 준비하기 위해 1944년 2월 9일부터 D-데이까지 총 5,677대의 항공기를 프랑스에 있는 독일군 거점으로 날려보냈다.

프랑스에서의 37밀리미터 Pak 35/36 대전차포 사격훈련 이 무기는 1940년에도 영국군 및 프랑스군의 일부 전차를 격파할 수 없었으며, 1944년에 노르망디를 침공한 연합군 전차에는 거의 무력했다. 그러나 성능을 향상시키는 두 종류의 신형 탄약이 개발되어 그 수명을 이어갈 수 있었다. 첫 번째 탄약은 37밀리미터 판처그라나테(Panzergranate) 40(PzGr 40) 탄화텅스텐 포탄이었다. 1940년 말에 개발된 이 탄약은 65밀리미터 두께의 수직장갑을 관통할 수 있었다. 두 번째 탄약은 37밀리미터 슈틸그라나테(Stielgranate) 41 성형작약탄이다. 1941년에 개발된 이 탄약은 포에 공포탄을 장전하고 성형작약탄을 포구에 끼워서 발사하는 방식을 사용했다. 이러한 개량에도 불구하고 이 포는 여전히 '노크용 대포(door knocker)'라는 조롱을 들었다.

에 3개 공수사단(미군 우익에 미국 제82 · 101공수사단, 영국군 좌익에 영국 제6공수사단)이 강하하고 그 사이 상륙군이 5개 해안에 상륙하면서 시작되었다. 침공군의 대규모 주력부대인 버나드 몽고메리의 제21집단군 휘하에는 마일즈 뎀프시(Miles Dempsey) 장군의 영국 제2군과 오마 브래들리(Omar Bradley) 장군의 미국 제1군이 모여 있었다. 유타(Utah) 해안에는 미국 제7군단 예하 제4보병사단, 오마하(Omaha) 해안에는 미국 제5군단 예하 제1보병사단, 골드(Gold) 해안에는 영국 제30군단 예하 제50보병사단, 주노(Juno) 해안에는 영국 제1군단 예하 캐나다 제3보병사단, 소드(Sword)

공수부대에서 사용하던 20밀리미터 플라크피어링(Flakvierling) 38 4연장 경대공포 1940년에 실전 배치된 이 포는 낙하산 사단의 대공포대대에서 운용되었다. 4개의 포신을 갖추고 있으며 분당 최대 1,800발을 쏠 수 있어 저공비행 표적은 물론 지상 표적에도 효과적이었다. 각 포의 포구속도는 900m/s이며 도달고도는 2,200미터였다. 이 사진은 D-데이 전날에 촬영되었다. 당시 낙하산사단의 사단, 연대, 대대급 참모들은 대개 연합군에 비해 전투경험이 많았다. 또한 하위 계급자들도 연합군에 비해 우수했다. 이들 하사관들은 우수한 요원들로 책임을 맡는 것을 주저하지 않았고 상황에 따라서는 독자적인 판단에 따라 행동하기도 했다.

해안에는 영국 제1군단 예하 영국 제3보병사단이 각각 상륙했다.

최초의 낙하산 강하와 상륙에는 성패가 뒤섞여 있었다. 유타 해안에서 추축군의 저항은 경미했으며, 병력들은 12:00시까지 해안을 돌파했다. 오마하에서는 미군이 보유한 특수전차가 부족하여 독일군이 해안에 상륙한 연합군을 꼼짝 못하게 하고 많은 인원을 사살할 수 있었다. 골드 및 주노 해안에서 상륙군은 특수전차를 사용해 신속히 해안을 돌파했고, 정오가 되자 바이유(Bayeux)와 캉(Caen)으로 돌진했다. 소드 해안에서도 상륙군은 내륙에 강하한 공수부대들과 연계하는 데 성공했다. 연합군의 전략은 우선 셰르부르(Cherbourg) 항구를 점령하여 그곳을 사용하면서, 남쪽으로는 브르타뉴로 진격하고 동쪽으로는 센(Seine) 강을 건너는 것이었다. 이날 하루 동안 연합군 15만 5천 명이 대규모의 공중지원과 해군 함포사격 속에 상륙했다.

독일군의 초기 대응

상륙작전에 직면한 독일군은 딜레마에 빠졌다. 그들은 노르망디 상륙작전이 파 드 칼레(Pas de Calais)에 대한 주공을 숨기기 위한 양동작전이 아닌가 의심했던 것이다. 실제로 히틀러는 적의 주공이 파 드 칼레를 향할 것이라고 믿었고, 6월 6일 12시까지 서부기갑군에 소속된 기동예비대에게 출동명령을 내리지 않았다. 또한 폰 룬트

1944년 6월, 노르망디 전선 전투 D-데이에 현장에 있던 유일한 공수부대는 제2낙하산사단 예하에 있던 폰 데어 하이테의 제6낙하산연대였다. 이 부대는 연합군의 침공이 시작되자 카렝탕 지역으로 이동했다. 제6낙하산연대의 13중대원이던 프리메츠호퍼(Primetzhofer) 일병은 이렇게 말했다. "연합군의 대규모 함포 사격이 오전 5시부터 시작되었다. 천지를 울리는 장거리 포격이 줄잡아 15시간 동안은 계속되었고, 나중에는 나만이 부대의 유일한 생존자가 된 게 아닌가 싶었다. 다행히도 그렇지는 않았다."

〈위〉 노르망디의 카텐라트(Kattenkrad, 모터사이클식 트랙터) 장비 견인용으로 쓰이는 이 차량은 모터사이클중대에 배속되어 있었다. 노르망디 작전 내내 차량 부족으로 시달리던 낙하산사단들에서는 흔히 볼 수 없는 차량이었다.

〈아래〉 FG-42 자동소총 자동소총과 경기관총의 장점을 모두 갖춘 화기를 원한 공수부대의 요구로 만들어졌으나 결함도 많았다. 구조가 복잡하고 비효율적인 소염기는 총구의 화염을 제대로 없애주지 못했다. 양각대는 연속사격용으로는 너무 약했고, 경량형 총열은 연속사격 시 쉽게 과열되었다.

〈위〉 이 사진과 아래 사진은 노르망디 전선에서 휴식을 취하고 있는 공수부대 분대를 보여주고 있다. 이 사진에서 병사들은 머리 위를 날아가는 연합군 항공기를 보고 있다. 이 당시 독일 제3항공함대(Luftflotte III)는 완전히 괴멸되었으며, 교두보로 돌파를 시도하는 독일 항공기는 수많은 연합군 전투기에게 걸려 격추되었다.

〈아래〉 이 사진에서 흥미로운 점은 왼쪽 아래의 공수부대원이 노획한 영국제 브렌(Bren) 경기관총을 갖고 있다는 것이다. 이 시기에 공수부대는 적의 항공공격 때문에 후방으로부터의 증원과 보급이 막히면서 어려움을 겪고 있었다. 그 결과 대부분의 이동은 야음을 틈타 실시해야 했다.

슈테트는 센 강 북쪽에 주둔하고 있는 2개 기갑사단을 노르망디에 투입해 달라는 요청을 거부했다. 어떤 측면에서 보면 그것은 거의 무의미했다. 비록 기갑 예비부대의 배치를 허용했더라도, 연합군이 제공권을 장악하고 있었기 때문에, 그들이 이동하는 시간은 예상보다 훨씬 더 오래 걸릴 것이 분명했다. 결국 부대들은 전투에 따로따로 투입될 수밖에 없었다. 그것은 해안두보에 대해 효율적인 반격을 할 수 없고, 결과적으로 기갑부대를 보병 지원용으로나 사용할 수 있다는 것을 의미했다.

그러나 6월 6일, 제2낙하산군단은 쿠탕스(Coutances) 근교에 강하했다고 하는 연합군 공수부대를 격퇴하기 위해 노르망디로 이동하라는 명령을 받는다. 이 보고가 부정확한 것으로 밝혀지자, 제2낙하산군단은 당시 상당히 멀리 떨어진 곳에 주둔하고 있던 제17친위기계화보병사단 '괴츠 폰 벨리잉엔(Götz von Berlihingen)' 및 제352보병사단 등과 함께 생 로(St Lo) 지역에 반격을 가하라는 명령을 받는다. 이때 제2낙하산군단은 아브랑슈(Avranches) 남동쪽으로 10킬로미터 떨어진 르 셰리(Les Cheris)에서 제84군단의 지휘를 받고 있었다. 군단 예하 부대의 상황을 보면, 제3낙하산사단은 캥페르(Quimper)와 브레스트(Brest) 사이에 있었고, 제5낙하산사단은 전투 준비가 되지 않은 상태였기 때문에 예하의 제15낙하산연대만이 전선으로 이동했다.

독일군 지휘부는 연합군의 침공에 대응하기 위해 공수부대들에게 아직 미군이 점령하지 않은 전략 거점을 선점하라는 명령을 내렸다. 폰 데어 하이테는 예하 제2대대에게 생 마리 에글리즈(Saint Marie Eglise)를, 제1대대에게 생 마리 뒤 몽(St Marie Du Mont)을, 제3대대에게 카렝탕을 점령하라고 명령했다. 사실 제6낙하산연대는 카렝탕 부근에서 미군 제1보병사단과 교전에 벌임으로써 노르망디 내륙에서 연합군과 교전한 최초의 독일군 부대가 되었다. 제1대대는 전멸했으며 나머지 두 대대는 점령한 마을을 지키기 위해 필사적으로 싸웠다. 미군은 마을 주변의 모든 길과 상공을 차단했으나, 독일 공수부대는 단 한 차례의 공수작전을 통해 마을을 탈출하는 데 충분한 탄약을 보급받았다. 많은 인명손실을 내고 제17친위기계화보병사단의 지원도 받지 못한 제6낙하산연대는 6월 12일에 후퇴하여 비르(Vire) 강 구역에 다시 전개했고, 제2친위기갑사단 '다스 라이히(Das Reich)'에 배속되어 싸웠다.

1944년 7월 중순, 노르망디에 배치된 제3낙하산사단 박격포 이 시기에 이 사단은 3개 대대 및 박격포중대, 대전차중대, 공병중대를 보유한 3개 연대로 구성되어 있었다. 일부 연대는 다른 부대의 100밀리미터 박격포보다 더욱 강한 120밀리미터 중박격포와 네벨베르퍼(Nebelwerfer) 다연장 로켓포를 보유하고 있었다. 이 사단에는 1개 경포병대대만 있었으며, 대공포대대는 12문의 88밀리미터 포를 보유하고 있었다. 1944년 5월 22일의 사단 병력은 총 1만 7,420명이었다.

〈218쪽〉노르망디에서 부상을 당한 공수부대원 6월에 미국 제1군은 셰르부르를 점령하고 코탕탱(Cotentin) 반도의 대부분을 석권한 후 남쪽으로 방향을 돌렸다. 독일군의 저항은 카렝탕과 캉(이곳은 7월 13일이 되어서야 영국군에게 점령된다)에 집중되어 있었다. 영국군은 캉을 향해 진격했고, 미국 제1군의 전선은 코몽(Caumont)과 카렝탕을 거쳐 서쪽으로 코탕탱 반도를 가로지르고 있었다. 노르망디 고립지대를 돌파하기 위한 공세를 펼치기 위해 보급품과 증원병력이 해안두보로 투입되었다. 훗날 생 로의 '산울타리 전투'라고 불린 이 전투는 이 공세를 위한 공간과 발판을 확보하기 위해 벌어졌다. 미군에 맞서는 부대는 친위중장 파울 하우저(Paul Hausser)가 이끄는 독일 제7군이었으며, 그 예하에는 제84군단, 제2낙하산군단이 있었다.

그 동안 베른하르트 람케 장군 휘하의 제2낙하산사단은 브르타뉴를 사수하라는 명령을 받고 열차 편으로 독일을 출발했다. 그들의 여행은 길고 험난했으며 종종 연합군의 공습과 레지스탕스의 공격으로 방해받았다. 6월 19일, 사단의 첫 소부대가 브르타뉴에 도착했으나 나머지 부대들은 7월까지도 집결을 완료하지 못했다. 이 지

〈위〉 1944년 중반, 기관총 팀이 위치를 잡고 있다. 독일군은 방어를 위해 카렝탕 남부 및 남서부의 소택지 일부를 침수시켰다. 또한 6월과 7월 이 지대에 쏟아진 비로 인해 연합군의 진격은 더욱 둔화되었다. 장마로 인해 좁은 길들과 밭고랑이 침수되어 순식간에 진흙탕으로 변해버리자, 가뜩이나 부실한 도로망을 갖고 있던 생 로의 방어태세는 더욱 견고해졌다.

〈아래〉 보카쥬에서 참호 속의 공수부대원이 미군의 공격을 기다리고 있다. 봉형수류탄도 이미 투척 준비를 해놓았다. 7월 3일, 폭우 속에서 미국 제19군단의 공격이 시작되었다. 그 직전, 독일 제7군은 새로운 서부전선 총사령관인 귄터 폰 클루게(Günther von Kluge) 원수에게 브르타뉴의 병력으로 자신들을 지원해달라고 요청했다.

역은 비교적 전투가 뜸했으며, 사단은 전투 경험이 없는 보충병들로 이루어진 부대들을 정비할 수 있는 시간을 가졌다. 그러나 그것은 폭풍 전야의 고요함이었다. 연합군은 6월 12일 하루 동안에만 해안에 32만 6,547명의 장병을 상륙시켰다. 몽고메리는 캉의 영국 제2군을 축으로 우익의 미국 제1군을 회전시켜 돌파구를 마련하기로 했다. 셰르부르 항구를 고립시키려는 미군의 공세는 6월 29일 J. 로턴 콜린스(J. Lawton Collins) 중장이 지휘하는 미국 제7군단이 수행했다. 노르망디 전역은 이제 미군과 독일군, 특히 공수부대에게 가장 처참한 단계에 접어들고 있었다.

셰르부르가 함락되면서 미국 제1군은 쿠탕스-마리니-생 로를 잇는 전선에서 승리할 수 있는 방법을 모색하기 시작했다. 여기서 이기면 연합군은 남쪽으로 공세를 펼쳐 노르망디를 돌파할 수 있었다. 미군에 맞서는 독일군은 제2낙하산군단 소속 공수부대원들이었다. 독일군은 장비와 인원 모두가 열세였지만 보카쥬(Bocage)라고 불리는 지형을 십분 활용하고 있었다. 미 육군의 보고서는 이곳에 대해 이렇게 설명하고 있다. "하지만 독일군의 가장 큰 강점은 이 고장 모든 지역을 이리저리 가로지르고 있는 산울타리에 있었다. 이 산울타리는 공세작전을 방해하고 전차의 용도를 제한했다. 노르망디의 전형적인 어느 구역을 촬영한 항공사진을 보면, 20평방킬로미터 내에 3,900개 이상의 산울타리가 있다. 큰 둑에서 자란 이 산울타리는 3미터 높이까지 자라며 종종 배수용 도랑이나 움푹 꺼진 도로를 측면에 끼고 있어 지하 방어시설 혹은 은폐된 방어거점을 조직하는 데 유리한 지형을 제공했다." 생 로는 모든 방향으로 통하는 교통의 요지였으므로, 연합군은 그곳을 반드시 점령해야 했다.

미군의 공격은 7월 3일에 시작되었으나, 지형을 이용한 독일군의 맹렬한 반격으로 전진이 서서히 둔화되었고 수많은 병력을 잃었다. 이 전투는 주로 근접전 방식으로 펼쳐졌기 때문에 연합군의 압도적인 제공권은 별로 도움이 되지 않았다. '산울타리 전투(Battle of the Hedgerow)'는 수많은 소부대 전투들로 이루어져 있었다. 독일군은 이어지는 전선을 형성하지 않는 대신, 사격 범위가 서로 겹쳐서 상호 지원할 수 있게 배치된 다수의 거점에 의존했다. 공수부대는 방어뿐만 아니라 반격도 효율적으로 수행했다. 예를 들어 7월 11일, 미국 제115보병연대 1대대장은 독일 제3낙하

보카쥬에 배치된 위력적인 88밀리미터 대공포 820~840m/s라는 빠른 포구속도와 1만 600미터의 도달고도/유효사거리를 자랑하는 독일군의 88밀리미터 대공포는 적 전차 격파에도 적합했다. 이 포는 당시 운용되던 어떠한 연합군 전차도 격파할 수 있었으며, 지연신관을 장착한 포탄을 발사할 경우 대인용으로도 대단한 위력을 발휘했다. 이 88밀리미터 Pak 43/41는 대개 바퀴 두 개가 달린 야전포가(野戰砲架) 위에 장착되었다. 사진 속의 대공포는 적의 항공공격을 피하기 위해 철저히 위장되어 있다.

산사단 예하 제9낙하산연대 1대대의 "훌륭하게 계획되고 실행된 공격"에 대해 보고했다. 박격포와 대포가 일제히 포격을 가하고 난 뒤, 독일 공수부대원들은 46미터나 되는 거리를 달려와서 공격했다. 완전히 기습을 당한 제115보병연대의 전초진지는 순식간에 유린당했다. 그러나 미군은 독일군의 공격을 저지했고, 결국 공수부대원들은 퇴각했다. 미군이나 독일군이나 100명 가량의 병력을 잃었지만, 독일군에게는 그런 손실을 더 이상 감당할 여력이 없다는 문제가 있었다. 사실 미군은 이런 공격을 즐겼다. 보카쥬 전투에서 싸운 한 미군 병사는 이렇게 말했다. "산울타리에서 독일군의 공격이 실패한 이유는 우리의 공격이 둔화된 이유와 같다. 여기서의 모든 공격은 신속히 여세를 잃게 된다. 게다가 우리는 포병과 전투폭격기의 지원을 받고 있었기 때문에 독일군은 끔찍할 정도로 많은 병력을 잃었다. 사실 우리는 독일군이 반격하도록 유인한 후 우리가 준비하고 있던 것을 내놓는 것이 그들을 물리치는 가장 좋은 방법이란 것을 알았다."

192고지 함락

미군은 격전 속에서 많은 손실을 입으면서도 진격을 계속하여 결국 생 로 마을 외곽에 도달했다. 이 마을의 핵심 거점은 주변 일대를 내려다보고 있는 192고지로 마을에서 동쪽으로 4.8킬로미터 떨어진 곳에 위치하고 있었다. 이 고지를 방어하는 임무는 초기에는 제9낙하산연대 3대대가 맡았으나, 이후 제5낙하산연대 1대대로 이관되었다. 맹렬한 포격이 있은 후, 7월 11일 06:00시에 미군은 공격을 시작했다. 이번에도 독일군의 저항은 격렬했으며, 제12낙하산포병여단, 제3낙하산정찰중대, 제3낙하산공병대대 등의 새로운 부대들이 거점을 지키기 위해 바로 투입되었다. 그러나 공수부대들은 극심한 손실을 입었으며, 다음날 제3낙하산사단은 생 로-바이유 고속도로 남쪽에 새 방어선을 형성하기 위해 마지막 예비대까지 투입하면서 전력이 바닥을 드러내고 있었다. 이곳에서 싸웠던 한 공수부대원의 묘사는 역전의 용사들조차도 체력과 정신력의 한계를 느꼈던 고지 전투의 양상을 잘 보여준다. "나는 기관총을 든 채 적의 전선을 뚫고 좀더 잘 방어된 협곡으로 이동한 후 부상자를 구하기 위해 다른 전우와 함께 포복으로 되돌아갔다. 되돌아가는 길에 우리는 다시 적의 엄청난 포격을 받았고, 아무런 엄폐물도 없는 대지 위에 그냥 엎드려 있을 수밖에 없었다. 매 순간 나는 파편에 치명상을 입을 것을 각오했는데, 그때 이미 나는 무신경해져 있었다. 다른 사람들도 나와 똑같았다. 포탄이 윙윙 소리를 내며 날아가서 터지는 소리와 부상자들의 신음소리를 몇 시간 동안 듣다 보면 누구든 아무것도 느끼지 못

223

하게 되었다. 170명이 정원인 우리 중대에 남아 있는 인원은 30명뿐이었다."

　3일간의 전투에서 제3낙하산사단은 4,064명의 병력을 잃었다. 7월 14일, 제2낙하산군단에는 더 이상의 예비대가 없었고, 마인들은 추가 보충병을 받지 못하면 현재 위치 사수가 불가능하다고 보고했다. 그러나 독일 공수부대는 7월 27일에 미군이 마침내 생 로에서 돌파구를 열 때까지 그 위치를 지켜냈다. 7월 7일~22일의 산울타리 전투에서 미국 제1군에는 1만 1,000명의 전사자, 부상자, 실종자가 발생했다.

노르망디 전선 붕괴

7월 25일, 미군은 노르망디 전선을 돌파하기 시작했다. 새로 도착한 조지 S. 패튼 장군 휘하의 제3군은 서쪽으로 방향을 돌려 브르타뉴로 나아갔고, 몽고메리의 제21집단군은 노르망디 전선을 돌파했다. 독일 제7군은 이른바 팔레즈 고립지대(Falaise Pocket)에서 대부분의 병력을 상실하면서 결국 전열이 붕괴되었다. 브레스트 항구를 지키고 있던 람케의 제2낙하산사단은 항구를 점령하기 위해 공격해오는 미국 제8군단과 싸웠다. 미군은 4,000명의 인원을 잃었으나 공수부대도 큰 손실을 입었다. 람케는 약화된 제5낙하산사단을 지원하기 위해 휘하의 1개 전투단을 파견하라는 명령을 받았다. 그러나 람케가 파견한 전투단은 생 말로(St Malo)로 가던 중 미군 기갑부대에 의해 큰 피해를 입었다. 브레스트의 독일군과 제2낙하산사단의 인원 대부분은 1944년 9월 20일 미군에 항복했다.

　팔레즈 전투 이후, 제2낙하산군단 잔존병력들은 쾰른으로 이동하여 휴양과 재정비를 실시했으며, 6월 6일 이후 3,000명이나 되는 사상자를 낸 폰 데어 하이테의 제6낙하산연대도 귀스트로브-메클렌부르크(Güstrow-Mecklenburg) 지역으로 이동하여 부대를 재편성했다. 그 동안 프랑스의 독일군은 건제가 무너진 채 동쪽으로 무질서하게 후퇴했다. 8월 19일, 연합군은 처음으로 센 강을 건넜으며 6일 후에는 파리에 입성했다. 8월 15일에 연합군은 남프랑스에도 진출했으며, 미국 제7군과 프랑스 제1군은 신속히 북으로 진격했다. 분산된 독일군은 연합군을 막을 수 없었고, 9월 3일에는 브뤼셀과 리옹(Lyons)이 함락되었다. 연합군 최고사령관 드와이트 아이젠하워 장군은 몽고메리 장군에게 독일군을 추격하여 루르(Ruhr)로 진출하라고 명령했고, 동시에 브래들리 장군의 미군은 자를란트(Saarland) 지방으로 향하게 했다. 9월 11일, 연합군 정찰대가 룩셈부르크(Luxembourg) 근처의 독일 국경을 넘었을 때는 그 해가 다 가기 전에 전쟁이 끝날 것만 같았다. 그러나 연료 보급이 어려워지면서 모든 전선에서 연합군의 진격은 둔화되기 시작했으며, 독일군은 숨을 돌리게 되었다.

제1낙하산군(제11공수군단을 기간으로 하여 1944년 1월에 군으로 확대 개편되었다)은 처음에는 프랑스에 주둔한 제D집단군에 배속된 교육사령부로 운용되었다. 연합군이 프랑스를 돌파한 이후, 이 부대는 앤트워프(Antwerp)와 마스트리히트(Maastricht) 사이에서 벨기에 및 동부 네덜란드 방어선의 지휘를 맡았다. 이 부대는 비록 명칭은 군

미군의 동태를 살피는 공수부대원 미군에게 보카쥬 전투는 통제하기 어려운 근접전이었다. 미국 제823구축전차대대의 7월 9일자 보고서에는 이렇게 적혀 있다. "수많은 소형화기, 대포, 박격포들이 불을 뿜고 있다. 모두가 사방으로 사격을 해대고, 주위는 온통 요란한 소음으로 가득하다. 보병부대가 무질서하게 후퇴하자 몇 군데 포병진지가 노출되었고, 이들 보병부대 역시 다음 거점으로 후퇴할 수밖에 없었다. 현재 혼전이 벌어지고 있기 때문에 각 소대의 정확한 이동 상황을 파악하는 것은 불가능하다."

미군 지프 탑승자들이 생 로 근방에서 적의 박격포 공격을 피해 엄폐하고 있다. 이 전투에서 공수부대는 인근의 전술적 요충지인 192고지를 지켜냈다. 이 고지는 비르(Vire) 강부터 코몽까지 주변 지역 전체를 감제하고 있으며, 여기에는 생 로에 이르는 모든 접근로가 포함되어 있었다. 고지의 경사면은 뒤얽힌 산울타리와 과수원으로 덮여 있었다. 공격의 대가는 비쌌다. 7월 중순, 미국 제2보병사단은 이곳을 두 번이나 공격했으나 1,253명의 사상자를 냈을 뿐 아무런 이득도 얻지 못했다.

이었고 지휘도 슈투덴트 장군이 맡았지만, 제대로 된 공수훈련을 받기는커녕 전투 경험도 없는 공군 통신병, 항법사, 관측병, 기타 병과인원들의 집합체에 불과했다.

제3낙하산사단과 제5낙하산사단은 노르망디에서 철수하면서 대부분의 중화기를 버렸으며 전력이 크게 약화된 상태였다. 〔제3낙하산사단장은 발터 바덴(Walter Wadehn) 소장이었고, 제5낙하산사단장은 하일만 소장이었다.〕 폰 데어 하이테의 제6낙하산연대도 재편성을 수행했다. 재편성 작업이 완료되면서 이들은 연합군의 '마켓 가든(Market Garden)' 작전을 맞이하게 된다.

몽고메리는 아이젠하워에게 연합 제1공수군(1st Allied Airborne Army)을 독일의 측면을 포위하는 데 이용할 수 있으며, 이를 위해 네덜란드에서 라인 강 하류를 가로질러 공격하자고 제안했다. 그 내용은 공수부대가 세 개 지역, 즉 에인트호벤(Eindhoven) 지역의 운하 및 그라베(Grave)의 뫼즈 강, 네이메겐(Nijmegen)의 바알(Waal) 강, 아른헴(Arnhem)의 라인 강에 강하하여 각각의 교량을 확보하고, 지상에서는 영국군 제30군단이 네덜란드로 진격하여 공수부대와 연계한다는 것이었다.

'마켓 가든' 작전은 9월 17일에 시작되었다. 처음에는 작전이 순조롭게 진행되었다. 미국 제82공수사단과 제101공수사단은 그라베, 에인트호벤, 네이메겐 다리를 점령했다. 그러나 독일군의 대응도 신속했다. 그곳에는 2개 친위대 사단—제9·10 친위기갑사단—을 비롯한 육군과 공수부대들이 주둔하며 부대를 정비하고 있었다. 그들은 신속하게 움직여 연합군 공수부대를 고립시켰다. 에인트호벤과 그라베에서 미국 제101공수사단과 맞선 독일군 부대 중에는 공수부대도 포함되어 있었으며, 폰 데어 하이테의 제6낙하산연대 역시 연합군 공수부대를 상대하기 위해 움직였으나, 9월 23일에 격전을 치르고 나서는 에르데(Eerde) 서쪽에서 이동을 멈췄다. 마인들의 제2낙하산군단은 네이메겐 남서쪽을 공격했으나 미국 제82공수사단의 반격으로 격퇴당했다.

〈위〉 **보카쥬의 MG-42 기관총수** 독일군의 박격포 및 기관총 사격은 산울타리에서 매우 효과적이었다. 크로빌(Cloville) 마을 근처에서 미군은 그들이 '독일군 모퉁이(Kraut Corner)' 라고 부른 한 방어거점을 파괴하기 위해 1개 중대를 1시간 동안 투입했고, 결국 독일 공수부대가 3명만 남은 상태에서도 완강히 저항하자 미군 전차들은 그들을 진지와 함께 깔아뭉개버렸다.
〈아래〉 보카쥬의 공수부대원들은 흙 속에서 사는 것에 아주 익숙해졌다. 미군 포병대는 생 로로 가는 길을 뚫기 위해 막대한 양의 포탄을 쏟아부었다. 예를 들어 7월 9일 제30사단 예하의 7개 포병대대는 105밀리미터 포탄 5,000발과 155밀리미터 포탄 4,000발을 사용했다.

보카쥬에서의 제3낙하산사단 대원들 미국 제19군단의 한 병사는 생 로의 독일 방어군들에 대해 이런 찬사를 보냈다. "독일 박격포는 매우 효율적이었다. 당시 우리 병사들이 그들을 찾아냈다 싶으면, 독일군 병사들과 박격포는 얌전하게 다음 위치까지 후퇴한 뒤였다. 우리 병사들이 경사면에 엎드리지 않고 돌격했다면, 산울타리 아래 숨어 있던 독일군이 기관총과 기관단총으로 우리를 몰살시켰을 것이다. … 실제로 산울타리 지대에서 싸워본 사람이라면 알 것이다. 그곳에서는 상황이 좋다 하더라도 전진이 느릴 수밖에 없고 따라서 숙련된 방어군이 그곳에 포진해 있을 때는 몇 배나 많은 공격군의 진격을 지연시키고 엄청난 피해를 입힐 수 있다는 것을 말이다." 그러나 공수부대도 큰 희생을 치렀다. 7월 14일, 롬멜은 제2낙하산군단의 지휘소를 방문했고 그들에게 더 이상의 예비 병력이 없다는 사실을 알게 되었다.

1944년 9월 19일, 미군에 항복하는 베른하르트 람케 장군 패튼의 미국 제3군은 8월 초에 아브랑슈 협곡을 돌파하여 팔레즈 고립지대에서 5만 명 이상의 독일군을 포로로 잡고 1만 명을 사살했다. 람케의 제2낙하산사단은 노르망디에서는 거의 싸우지 않았으며, 8월~9월에 브레스트 방어를 담당했다. 항구가 함락되자 사단의 잔존인원 대부분과 사단장은 미군의 포로가 되었다.

서부전선 최후 공세를 위한 준비

이 기간에 독일 공수부대는 수송수단을 충분히 지원받지 못해 도보로 장거리 행군을 해야 했다. 예를 들어 제6낙하산연대는 복스텔(Boxtel) 인근의 공격선까지 60킬로미터를 도보로 이동해야 했다. 연합군이 제공권을 확보하고 있었기 때문에 이런 행군은 심히 위험했고, 이렇게 장거리를 이동한 병사들은 완전히 지친 상태에서 공격에 임해야 했다. 그러나 공수부대는 연합군이 1944년에 전쟁을 끝낼 수 있는 마지막 기회였던 '마켓 가든' 작전을 격퇴하는 데 크게 공헌했다. 1944년 10월, 인원 부족에 시달리던 제2낙하산군단은 서부전선에서 펼쳐질 독일군의 마지막 대공세를 위해 재건되었다.

히틀러의 서부전선 반격작전의 핵심은 앤트워프로 진격해 미군과 영국군을 분리시키는 것이었다. 1944년 12월 16일에 개시된 '라인 경계(Watch on the Rhine)'라는 이름의 이 작전에서, 히틀러는 아르덴 전선의 미국 제8군단을 격파하고 뫼즈 강에 도달하여 앤트워프를 점령하려고 했다. 이 작전에 동원된 총 20만 명의 독일군은 게르트 폰 룬트슈테트 원수가 이끄는 제B집단군(제6친위기갑군, 육군 제5·7기갑군으로 구성)에 속해 있었다. 여기에 맞서는 미군은 총 8만 명의 병력을 보유하고 있었다. 기습은 완벽한 성공을 거두었으며, 연합군은 제공권을 확보하고 있었음에도 짙은 구름과 안개 때문에 이에 대해 손을 쓸 수가 없었다. 그러나 독일군은 생 비트(St Vith)와 바스토뉴

231

이 사진에서도 드러나 있듯이, 1944년 프랑스에서의 패배에도 불구하고 공수부대의 사기는 여전히 높았다. 가운데 공수부대원은 벨트에 난형수류탄을 매달고 있다. 아이한트그라나테(Eihandgranate) 39는 얇은 금속 표피를 가진 소형 세열수류탄으로 총중량은 340그램이며 안에는 112그램의 TNT가 들어 있다. 수류탄 위의 손잡이를 돌려서 잡아 빼고 수류탄을 투척하면 4.5초 후에 폭발한다. 1943년~1944년에 독일 공군에는 이 수류탄 208만 9,500발이 지급되었다.

(Bastogne) 두 마을을 신속하게 점령하는 데 실패했고, 그것은 독일군의 공격 전선을 좁혀놓았다. 12월 22일까지 생 비트에서 미군은 2만 2,000명의 병력 중 8,000명을 잃으면서 마을 밖으로 밀려났다. 하지만 바스토뉴에서는 미국 제10보병사단, 제28 보병사단, 제101공수사단이 독일군 1개 보병사단과 2개 기갑사단에 맞서 마을을 계속 지켜내고 있었다. 같은 날, 독일군은 뫼즈 강에 도달하기 위한 마지막 시도를 감행했다.

공수부대, 특히 북쪽에 배치된 제15군 예하 제3낙하산사단과 제7군 예하 제5낙하산사단은 아르덴 공세에서 맹활약을 했다. 이 부대의 공수부대원들은 보병으로 싸우고 있었지만 아직 이들이 펼칠 마지막 공수작전이 남아 있었다. 슈투덴트는 공세를 지원하기 위해 '슈토서(Stosser)' 작전을 입안했다. 그는 이 작전의 수행을 폰데어 하이테 대령에게 맡겼다. 하이테 대령은 제1낙하산군에서 1,200명의 병사를 선발해 훈련시킨 후, 4개 보병중대와 중화기중대, 통신소대, 공병소대로 편성했다. 불행하게도 낙하산군의 예하 대대장들은 자기 부대에서 뛰어난 병사가 차출되는 것을 원치 않았고, 그 결과 폰 데어 하이테는 기껏해야 보통 수준의 병사밖에 얻을 수 없었다. 이는 작전에 불길한 전조였다.

제6친위기갑군에 배속된 그의 부대는 말메디(Malmedy)에서 북쪽으로 11킬로미터 떨어진 핵심 교차로에 강하하라는 명령을 받았다. 그곳은 미군 증원부대가 투입되는 주요 길목이었다. 강하는 야간에 이루어졌는데, 그때 그의 부대는 강하지역의 사진이나 사전 정찰 정보도 입수하지 못한 상태였다. 원래 강하계획은 12월 16일

'마켓 가든' 작전 실패 후, 3명의 영국군 공수부대원이 독일군에게 생포된 모습 이 작전에서 연합군은 3개 사단을 뫼즈 강과 라인 강의 다리에 강하시켜 독일 본토로의 진격에 돌파구를 마련하려고 했다. 그러나 여기에 대한 독일의 대응은 신속하고 능숙했다. 당시 제1낙하산군 사령관 슈투덴트는 작전을 직접 지휘했다.

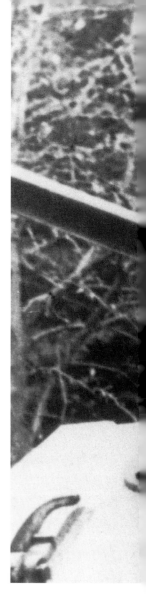

1944년 말, 네덜란드에서 제21낙하산공병연대의 마이어 하사는 이렇게 회고한다. "독일군이 아른헴 에서 네이메겐 사이의 제방을 모두 폭파했기 때문에 저지대가 침수되었다. 이에 따라 댐이 그 지역을 돌아다닐 수 있는 유일한 교통로가 되면서 철수 작전이 어려워졌다. 우리는 탄약과 차량이 부족했으 며, 엎친 데 덮친 격으로 미군 항공기와 포병대들은 고립된 병사들을 공격했다. 그것은 '미국식' 전쟁 방식이 어떤 것인지를 충분히 증명하고도 남았다."

04:30시로 예정되어 있었으나, 병력수송에 문제가 생겨 공수부대가 리페슈프링에(Lippespringe)와 파데보른(Padeborn) 비행장에 늦게 도 착하면서 일정이 지연되었다. 결국 하이테 전투단은 점점 나빠지는 날씨 속에서 수송기에 탑승해야 했다. 연합군의 대공포화로 수송기

가장 유명한 제2차 세계대전 사진 중 하나. 독일 공수부대원들이 아르덴을 가로지르는 티거 2형 전차에 올라타 있다. 공세에 참가한 제3낙하산사단과 제5낙하산사단은 프랑스에서 손실을 입은 후 재건되었으나, 그들의 전투 효율성은 크게 떨어졌다. 예를 들어 제3낙하산사단에서 전투 경험이 있는 인원은 극소수였으며, 사단장인 리하르트 쉼프(Richard Schimpf) 소장도 보병 전술에 대해서는 아는 것이 거의 없었다.

들이 뿔뿔이 흩어졌고 조종사의 실수까지 겹치면서, 공수부대는 대단히 넓은 지역에 걸쳐 강하하게 되었다. 폰 데어 하이테가 착지 후 규합할 수 있었던 인원은 125명에 불과했고, 모든 중화기는 손실된 상태였다.

그는 17일까지 150명의 병사를 더 모을 수 있었다. 상황은 처량하기까지 했으나,

아르덴 공세 당시 방한복을 두툼게 입은 공수부대원들 제7기갑군 측면에 있던 제5낙하산사단은 제5기갑군의 측면을 엄호했다. 제7기갑군 사령관 에리히 브란덴베르거(Erich Brandenberger)는 공세 중에 공수부대가 보인 활약에 감명을 받았다. "1944년 12월 15일, 제5낙하산사단은 특히 대단한 승리를 거두었다. 이 사단의 선봉부대들이 하랑에(Harlange)를 향해 진격하는 동안, 증원된 공병대대는 북으로 방향을 돌려 강력한 적 부대를 포위했다. 우리는 수백 명의 적군을 포로로 잡고 풍부한 보급품을 획득했다."

병력이 워낙 넓게 퍼져서 강하한 탓에 연합군은 독일군의 모든 낙하산사단이 강하한 것으로 판단했다. 따라서 그들은 병력을 전방에 보내는 대신 후방의 공수부대를 탐색하는 데 투입하게 되었다. 폰 데어 하이테는 고립되어 제6친위기갑군과 아무런 연락도 취할 수 없었고, 독일 공군으로부터 보급도 받지 못했으며, 결국 돌격대를 조직하여 연합군 전선을 뚫고 안전지대로 가기로 결정했다. 그러나 그 시도는 실패했고, 12월 21일에 그는 예하 부대원들을 2인 1조, 또는 3인 1조로 작게 분산시켜 조금이라도 많은 병력이 전선을 돌파할 수 있게 하려고 했다. 그러나 그의 부하들 대부분이 연합군에게 체포되었고, 폰 데어 하이테도 연합군의 포로가 되었다. 제2차 세계대전 최후의 독일군 공수작전은 이렇게 비참하게 막을 내렸다.

지상에서는 제3낙하산사단 예하 제9낙하산연대가 란체라트(Lanzerath)로 가는 길을 뚫고 있었다. 이 연대의 일부 대원들은 말메디에서 미군 포로들을 학살하여 아르덴에서까지 악명을 날렸던 파이퍼(peiper) 전투단에 배속되었고, 다른 대원들은 기타 친위대 부대에 배속되어 12월 19일에 쇼펜(Schoppen)에 당도했다. 제3낙하산사단의 다른 부대들은 12월 20일에 리뉴빌(Lignuville)에 당도했으나 미군의 압박이 점점 강해지면서 진격을 멈춰야 했다.

뫼즈 강으로 진격하는 독일 제5기갑군의 남쪽 측면을 엄호하던 제5낙하산사단은 곧 미군의 맹렬한 저항에 부딪쳤고 독일 제11낙하산자주포여단에 소속된 돌격포들의 지원을 받아 진격해야 했다. 공수부대는 12월 20일 빌츠(Wiltz)를 점령하여 포로 1,000명을 사로잡았고 셔먼 전차(Sherman tank) 25대와 트럭 여러 대를 포획했다. 그러나 그것이 그들이 거둔 최후의 승리였다. 23일이 되자 사단은 연합군 항공기, 미국 제3군과 제4기갑사단으로부터 공격을 받았으며 연료도 바닥이 나고 말았다. 그들은 독일군이 미국 제101공수사단을 여전히 포위하고 있던 바스토뉴까지 후퇴했다. 12월 24일, 제5낙하산사단은 바스토뉴 공격에 참가했으나 공격은 실패로 돌아갔고, 그 후 다른 부대들과 함께 '라인 경계' 작전의 공격개시선까지 후퇴했다. 이로써 '라인 경계' 작전은 종결되었다.

서부전선 붕기

아르덴 전선에서 독일군 '돌출부(bulge)'의 마지막 흔적은 1945년 1월 28일에 사라

1944년 크리스마스 이브에 바스토뉴를 공격하다가 쓰러진 독일 제5낙하산사단의 전사자들 장병들의 용맹과 회복력에도 불구하고, 사단은 만성적인 포병 및 차량 부족에 시달렸고 많은 장병들이 탄약과 병기가 부족한 상태였다.

〈238쪽 위〉아르덴 숲속에 강하한 하이테 전투단의 대원 제2차 세계대전 독일 공수부대의 마지막 공수작전은 대실패로 끝났다. 전후에 나온 독일군 공수작전에 관한 보고서(폰 데어 하이테 자신도 이 보고서의 작성 작업에 참여했다)에는 그 이유가 이렇게 요약되어 있다. "부대 규모가 너무 작았다(공격에 단 1개 대대만을 투입했다). 그리고 공수부대원들과 수송비행대는 훈련이 제대로 되어 있지 않았고, 제공권은 연합군에 있었으며, 날씨도 좋지 않았다. 준비와 지침이 부족했고 지상부대들이 작전도 선공하지 못했다. 한 마디로 승리에 필수적인 전제 조건들이 하나도 갖춰지지 않았다."

〈238쪽 아래〉아르덴에서 공수부대원들이 격파된 미군 셔먼 전차 옆을 지나치고 있다. 오른쪽 두 번째 병사는 대전차화기 판처슈렉(Panzerschreck: 전차의 공포)을 들고 있다. 발사 시 분출되는 화염으로부터 사수를 보호하는 방패가 달린 것으로 보아 판처슈렉 54형으로 보인다. 잘 훈련된 2인조 판처슈렉 팀은 1분에 88밀리미터 로켓탄을 4발~5발씩 쏠 수 있었다. 맨 왼쪽의 병사가 든 것은 판처파우스트(Panzerfaust: 철권)라는 일회용 대전차화기로 최대 200밀리미터 두께의 장갑을 관통할 수 있었다.

졌다. 이 공세에서 독일군의 인명손실은 전사자와 부상자, 포로를 모두 합쳐 10만 명에 이르렀고, 미군과 영국군은 각각 8만 1,000명과 1,400명이 전사하거나 부상을 입고 혹은 포로가 되는 피해를 입었다. 또한 양군은 장비에도 큰 손실을 입었다. 양군은 각각 전차 800대씩을 격파당했으며, 독일은 항공기 1,000대를 잃었다. 인원과 장비가 모두 고갈되면서 독일 공수사단의 영광은 이제 옛 이야기가 되고 있었다. 그럼에도 불구하고 그들은 여전히 사기가 높았으며 전투도 포기하지 않았다.

1944년 말, 네덜란드에서 재편성된 제2낙하산사단은 1945년 1월 실전에 투입되었고, 1945년 4월에 루르 고립지대에서 투항했다. 제3낙하산사단은 아르덴 전투에서 큰 손실을 입었고, 1945년의 독일 본토 결전에서 거의 괴멸되었다. 이 부대 역시 제5낙하산사단과 함께 루르 고립지대에서 항복했다. 제1낙하산군은 1945년에 라인 강으로 가는 통로와 네덜란드를 계속 방어했으며, 이후에는 라인 강 동쪽 제방을 방어하다가 1945년 4월에 올덴부르크(Oldenburg) 지역에서 항복했다.

이 전쟁의 마지막 몇 주 동안, 공군 훈련부대 및 지상부대들에서 선발한 인원들로 구성된 이름뿐인 낙하산사단들이 창설되었다. 그들은 약화된 방어선을 보강하거나 가망 없는 반격을 펼치는 임무에 투입되었다. 이들 부대의 대원들은 대개가 매우 어렸지만, 절망적인 상황 속에서도 굳은 결의와 용기를 갖고 싸웠고, 끝까지 공수부대의 투혼을 유지했다.

1945년 3월, 린츠(Linz) 지역에서 창설된 제11낙하산사단은 발터 게리케 대령의 지휘를 받았는데, 4월 20일까지 겨우 4,450명의 병력을 모집한 이름뿐인 사단이었다. 이 부대의 인원들은 서부전선 전투에 조금씩 투입되면서 5월 초에 독일이 항복할 때

1945년 4월, 루르 고립지대에서 생포된 독일군 포로들 이 중에는 제2·3·5낙하산사단의 잔존병력도 있다.

1945년 4월, 제3제국이 붕괴하면서 항복하는 독일 공수부대원들 독일 공수부대는 약 6년 동안 용맹하게 싸웠다. 슈투덴트가 말했듯이 "독일군 공수부대는 모든 전선에서 군인으로서 가장 훌륭한 미덕들, 강한 투혼, 그리고 무엇보다도 숭고한 희생정신을 보여주었다."

까지 싸웠다. 제20낙하산사단은 1945년 3월에 북부 네덜란드에서 창설되었으나 그 작전내용과 운명에 대해서는 알려진 것이 없다. 1945년 4월에 창설된 제21낙하산사단에 대해서도 거의 알려진 것이 없다. 4월 말, 이들 부대를 무장시키는 데 필요한 연료·탄약·화기는 극히 부족했고, 이들을 전선까지 보낼 수송수단도 거의 없다시피 했다. 5월 8일에 서부전선에서의 모든 전투는 종결된다.

독일 공수부대는 대규모 공수작전은 물론 소규모 특수 임무들도 탁월하게 수행했다. 그러나 이러한 임무는 아주 위험했고 작은 요인으로도 성패가 갈렸다. 독일은 이러한 모험의 대가가 대실패와 수많은 사상자로 돌아올 수도 있다는 사실을 깨닫게 되었다.

전쟁 기간에 독일 공수부대의 투혼을 보여주는 소규모 공수부대 작전
들은 여럿 있었다. 그 중에서도 제일 먼저 벌어진, 가장 눈부신 작전은 이탈리아의
그란삿소(Gran Sasso)에서 펼쳐진 이탈리아 독재자 베니토 무솔리니(Benito Mus-
solini) 구출작전이었다.

북아프리카와 시칠리아에서 추축군이 우위를 잃게 되자 무솔리니가 이끄는 파시
스트 정권은 신뢰를 잃었으며, 그 점은 무솔리니 자신도 잘 알고 있었다. 1943년 7
월 17일, 그는 베네토(Veneto)의 펠트레(Feltre)에서 아돌프 히틀러를 만나 이 전쟁을
그만두고 싶다는 뜻을 밝히려 했다. 그러나 그는 히틀러에게 협박을 당하여 침묵하
고 말았다. 이미 사태는 그의 손을 떠나 있었다. 7월 24일, 이탈리아 파시스트 대의

1943년 0일, 무솔리니를 그란 삿소에서 구출해낸 친위대 장교 오토 스코르체니(Otto Skorzeny) 이 작전에 동원된 공수부대
원들은 공군 소속이었지만, 작전을 통해 명성을 얻은 것은 친위대와 스코르체니였다. 스코르체니는 이 작전의 성공으로 기사
십자훈장을 받았다.

회가 소집되었고, 군통수권을 국왕에게 넘긴다는 의안이 투표로 통과되었다. 다음 날, 무솔리니는 국왕과 만난 후 체포되었고, 피에트로 바돌리오 원수가 신정부 구성을 책임지게 되었다.

무솔리니의 실각을 전해 들은 히틀러는 이탈리아가 전열을 이탈하도록 놔둬서는 안 된다고 판단했다. 그의 병사들은 로마와 북이탈리아를 통제하고 있었고 앞으로도 그곳에 머물게 될 운명이었다(제7장 참조). 또한 총통은 일 두체(Il Doce, 무솔리니의 별칭—옮긴이)를 구출해야 한다고 결정했다. 그는 친위대위 오토 스코르체니(Otto Skorzeny)를 동프러시아에 있는 자신의 사령부로 불러 이렇게 말했다.

"이탈리아의 가장 뛰어난 인물이 도움을 필요로 하고 있다. 나는 그것을 외면하지 않을 것이다."

스코르체니는 무장친위대 소속이었지만 이 임무를 위해 공군에 배속되었다. 그가 즉시 맞닥뜨린 문제는 무솔리니의 위치를 알아내는 것이었다. 독일군은 무전을

공수부대원들이 정원초과 상태로 그란삿소 고원을 막 이륙하려고 하는 피셀러 슈도르히 항공기에 경례를 하고 있다. 이 비행기에는 구출된 일 두체가 타고 있다.

그란삿소의 돌무더기 경사면에 착륙한 DFS-230 글라이더 이 항공기는 파이프와 천으로 만들어진 가벼운 글라이더로, 비행 시 조종하기가 쉬웠다. 후기형은 감속 낙하산을 장비하고 있었고 기수에 역추진 로켓까지 달고 있었다. 이륙 시에는 바퀴가 달려 있으나 비행 중에 분리되어 떨어져 나가고, 착륙 시에는 동체 하부에 달린 스키를 사용했다. 통상 조종사 1명과 병력 9명이 탑승한다. 출입구는 하나만 있으나 기체 측면에 걸어차서 열 수 있는 비상탈출용 해치가 있다. 총 2,000대 이상이 생산되었다.

도청하여 그가 로마에서 북동쪽으로 128킬로미터 떨어진 아펜니노 산맥의 그란삿소 고원에 있음을 알게 되었다. 일 두체는 이곳의 호텔에 감금되어 있었고, 여기서 그를 구출한다는 것은 정말 까다로운 문제였다. 스코르체니에게는 세 가지 선택의 길이 있었다. 첫째는 지상 공격, 둘째는 낙하산 강하, 셋째는 글라이더 착륙이었다. 지상 공격은 대규모의 병력이 필요하기 때문에 배제했고, 낙하산 강하도 병력들이 고위에 제대로 착지하지 못할 가능성이 매우 높아 배제했다. 남은 것은 글라이더 착륙뿐이었다.

무솔리니 구출작전

1943년 9월 12일 오후, 병력을 가득 채운 DFS-230 글라이더 12대가 로마 근교의 프락티카 디 마레(Practica de mare) 비행장을 이륙했다. 기내에 탑승한 대원들은 무장친위대 및 제7낙하산연대에서 선발된 인원들[이 연대의 다른 공수부대원들은 아퀼라(Aquila) 근교의 비행장을 점령하기 위해 파견되었다]이었으며, 독일군 편에 가담한 이탈리아 장군 스폴레티(Spoleti)가 불필요한 유혈사태를 막기 위해 동승했다. 이륙 후 비행과정에서 글라이더 4대가 길을 잃었고, 남은 글라이더들은 호텔 뒤의 착륙지대를 향해 날아갔다가 그곳이 착륙에 전혀 적합하지 않다는 것을 알게 되었다. 그곳은 급경사가 진 산허리여서 글라이더는 호텔 건물 앞에 착륙해야 했다. 글라이더들이 차례차례 신속하게 착륙했다. 스코르체니는 호텔로 달려가 건물 안으로 뛰어들었고, 1층에 있던 무전병 의자를 걷어차서 외부와 연락하지 못하게 했다. 경악한 이탈리아 경비병들은 고원을 장악하고 무솔리니를 구출하는 무장친위대와 공수부대 병력에게 총 한 발도 쏘지 못했다. 글라이더가 지면과 심하게 충돌하는 바람에 사망한 인원들이 이 작전의 유일한 희생자들이었다.

일 두체 구출에 성공한 스코르체니는 그와 함께 피셀러 슈토르히(Fieseler Storch) 항공기에 올랐다. 이들은 로마와 비엔나를 거쳐 동프러시아으로 갔다. 스코르체니는 이 작전의 공로로 기사십자훈장을 받았지만, 무솔리니는 감옥이 바뀌었을 뿐이었다.

무장친위대 공수부대

공군과 마찬가지로 친위대 역시 자체적으로 공수부대를 육성하려 했고, 종전 시까지 적어도 1개 대대 이상의 소규모 공수부대를 보유했다. 제500친위공수대대가 공식 창설된 것은 1943년 9월 6일로, 그 대원들 중 일부는 친위대 징벌대대에 소속되어 있던 죄수들이었다. 제500친위공수대대의 장교들은 여러 무장친위대 사단에서 지원한 장교들로 구성되었으며, 사병의 반은 순수한 지원자이고, 나머지 반은 징벌

중대에서 가석방된 죄수들이었다. 이들은 공수부대에 복무하고 위험한 임무를 수행하면 죄수 신분에서 벗어날 수 있게 해주고 전과기록도 말소해주겠다는 약속을 받았다. 이처럼 대원들 중의 상당수가 불미스러운 전력을 가진 사람들이었으므로, 이 새로운 부대는 처음에는 높은 평가를 받지 못했다. 그러므로 당시에 이들 '가석방자'들은 자신의 진가를 입증해야 할 필요가 있었다.

친위준장 호르스트 벤더(Horst Bender)는 말년에 무장친위대, 친위대 중앙본부, 친위대 법무부에 근무한 직업법률가였다. 그는 히믈러 직속 법무팀장과 무장친위대 법무감을 역임하던 중 종전을 맞았다. 그는 이 징벌대대를 창설하기 위한 제도적 기반을 다지는 데 일조하기도 했다.

1942년 8월 20일, 히틀러는 법무부 장관 오토 티라크(Otto Thierack)에게 기존의

그란삿소에서 작전을 수행하기 위해 질주하는 공수부대원들 쿠르트 슈투덴트 장군은 이 임무를 위해 스코르체니에게 제7낙하산연대의 1대대를 할당해주었다. 이 연대는 1943년 2월에 프랑스의 반(Vannes)/브르타뉴 지역에서 편성되었는데, 제11공수군단의 최정예인 공수시범대대가 그 모체였다는 점을 감안하면 이것은 대단히 후한 조처였다. 이 연대의 초대 연대장은 루트비히 슈트라우프(Ludwig Straub) 대령이었다.

그란삿소의 **캄포 임페라토레(Campo Imperatore) 호텔** 1943년 9월, 무솔리니는 이곳에 감금되어 있었다. 그는 이곳에 머물면서 이탈리아가 항복하고 종전협정이 체결되었다는 소식을 들었다. 종전협정 조항 중에는 무솔리니의 신병을 연합국에 인도해야 한다는 내용도 있었으나 독일의 생각은 달랐다.

모든 법규를 무시하고 나치 법무행정체계를 새롭게 세우라고 지시하며 그렇게 할 수 있는 권한을 부여했다. 선전부 장관 요제프 괴벨스(Joseph Göbbels)는 유태인과 집시 이외에도 많은 사람들을 "중노동에 동원시켜 없애버리자"고 건의했다. 나치당 장관 마르틴 보르만(Martin Bormann)은 티라크가 지토미르(Zhitomir)에서 히믈러를 만날 수 있게 승인했다. 이 자리에서 벤더와 친위중장 겸 무장친위대 중장인 브루노 슈트레켄바흐(Bruno Streckenbach)는 "반사회분자들을 친위대 원수의 손에 넘겨 죽도록 일하게 하는" 정책을 세우는 데 합의했다. 우선 모든 집시와 유태인들이 이 정책의 대상이 되었고, 3년 이상 수형생활을 하고 있던 폴란드인, 종신형을 선고받은

일 두체가 풀려났다! 이 작전은 양측이 단 한 발의 발포도 하지 않았을 만큼 성공적으로 끝났다. 스코르체니가 무솔리니에게 처음 한 말은 "두체 각하! 저는 총통 각하의 명을 받아 여기 왔습니다. 각하는 이제 자유입니다!"였다. 그러나 그는 얼마 지나지 않아 자기가 감옥을 바꾼 것에 불과하다는 사실을 알게 된다. 그는 여기서 풀려난 후 독일 독재자의 꼭두각시로 전락했던 것이다.

체코인과 독일인도 여기에 포함되었다.

히믈러가 참석한 회의에서는 8년 이상의 징역을 선고받고 복역 중인 독일인과 '보호관리' 대상이던 모든 사람들을 여기에 포함시킨다는 결정이 내려졌다. 벤더는 가석방자들에 대해서는 다른 제안을 했다. 히믈러는 별도의 무장친위대 부대이던 디를레방어(Dirlewanger) 징벌부대를 제500친위공수대대와 연계하여 대원들의 실추된 명예를 회복시키는 무장친위대 정신교육의 필수과정으로 삼고자 했다. 벤더는 1944년 3월에 친위대장 고틀롭 베르거(Gottlob Berger)가 마린베르더(Marienwerder)에 구류 중이던 모든 친위대원을 디를레방어 부대로 전속시키는 데 반대했다. 벤더는 히믈러에게 그들 범죄자들 중에서 공수부대원이 될 수 없는 인원만을 디를레방어로 전속시키라고 조언했다.

1941년 초, 독일의 소련 침공계획으로는 유고슬라비아가 추축국의 통제권 하에 있어야 했고, 이전에도 종종 그랬듯이 외교 협상의 결렬은 독일군의 학살로 이어졌다(제4장 참조). 전체적으로 볼 때 이 작전은 그것을 기획하고 조직한 독일 참모들의 기대에 부응하지는 못했다. '징벌 작전(Operation Punishment)'이라고 불린 이 작전은 종려주일인 1941년 4월 6일에 개시되었다. 히틀러는 "베오그라드를 밤낮으로 폭격해 초토화시켜야 한다"는 지시를 내렸다. 독일 국방군은 열세인 적을 또 한 번 이겼고, 히틀러는 짧은 승리에 도취했다.

그러나 독일군의 뒤이은 점령 기간에 상당한 규모와 전력을 갖추게 된 유고슬라비아 유격대 조직―유고슬라비아 해방군(JANL)―은 유고슬라비아에서 독일군의 군사적 장악력을 심각하게 갉아먹고 있었다. 유격대는 이 나라의 전 지방을 탈환했으며 이것은 독일의 다른 점령지에도 악영향을 미쳤다. 독일은 여기에 맞서 지상군을 투입했지만 군사적인 성과는 미미했다. 압도적인 적과 만났을 때는 정면대결을 피하고 흩어져서 산 속으로 도망치는 유격대들의 전술 때문이었다. 점령 초기에 이 전술은 잘 먹혀들었다. 그러나 유격대 내에 군단, 사단 등의 단위부대가 편성되고 국가사령부까지 설치되자 이런 회피 전술은 더 이상 효과적이지 않게 되었다. 국가사령부를 분산시켰다가 재구성하는 식의 활동은 시간낭비를 초래할 뿐 아니라 유격대의 작전을 방해할 수도 있었다.

1942년과 1943년에 유고슬라비아 해방군 국가사령부는 독일군의 공세 때문에 몇 차례나 옮겨 다녀야 했다. 1943년 가을, 작전암호명이 '파이어볼(Fireball)'인 독일군의 제5차 공세에서 이러한 비효율성이 다시 드러났다. 이 작전에는 독일군 제1산악사단, 크로아티아군 제187 및 제369사단의 소부대, 제5친위산악군단 예하 제7친위의용산악사단 '프린츠 오이겐(Prinz Eugen)'이 함께 참여했다. 불가리아에서도 독일군 1개 사단이 파견되었다. 이 사단의 전투서열 속에는 첩보와 방첩작전에 뛰어난 브란덴부르크 대대 특수임무대도 있었다. 그러나 공세는 12월 18일에 중지되었

무솔리니 오른쪽에 있는 사람은 스폴레티 장군이다. 그는 무의미한 유혈사태를 막기 위해 그란삿소 작전에 참여해달라는 요청을 받았다. 그 계책은 잘 먹혀들었다. 글라이더가 착륙하고 나서 스폴레티는 호텔로 뛰어가며 "쏘지 매 쏘지 매"라고 외쳤다. 그 말을 들은 이탈리아 헌병군 소속 경비병들은 발포하지 않았다.

다. 계획이 부실한 데다가 불가리아군이 명령을 거부한 탓이었다. 당시 불가리아인들은 독일과의 위험한 동맹관계에서 필사적으로 벗어나려고 했다.

티토 - 잡히지 않는 적

1944년, 유고슬라비아의 유격대에 압박을 계속 가하기 위해 '눈보라(Snow Flurry)'라는 이름의 공세가 재개되었으나 불가리아군과 제7친위의용산악사단 '프린츠 오이겐'은 여기에 참가하지 않았다. 그들은 두브로브니크(Dubrovnik) 지역으로 이동해 보충훈련을 받고 재편성을 실시했다. 히믈러는 이슬람교도 친위대원들이라면 세르비아인들을 무자비하게 다룰 수 있을 것이라고 보고 제13친위산악사단 '한트샤르(Handschar)'가 그 빈자리를 메우게 했다. 그의 생각은 틀리지 않았다. 이 사단의 첫 대규모 작전이 된 이 전투에서 그들이 벌인 행위의 잔혹함은 다른 부대와는 차원이 달랐다. 그들은 적군이 분명히 전사했는지 확인하기 위해 그 심장을 도려내기까지 했다. 그러나 이전의 다른 공세와 마찬가지로 이 공세도 적이 다른 지역으로 도망쳐 적을 제대로 격멸하지도 못하고 중지되었다. 유격대 지도자 요시프 티토(Josip Tito)는 자신의 군대를 4개 군단으로 나누어 유고슬라비아 사방으로 보냈다. 따라서 단일 공세로는 티토의 활동을 막을 수 없었다.

'눈보라' 작전으로 티토는 다시 한 번 사령부를 옮겨야 했다. 이번에는 야이체(Jajce)에서 보스니아 고지의 드르바르(Drvar) 소읍으로 이동했다. 그는 마을을 둘러

제7낙하산연대 1중대장 폰 베를레프슈(von Berlepsch) 중위(우측)가 제7낙하산연대 1대대장 모르스(Mors) 소령과 악수하고 있다. 폰 베를레프슈 중위의 중대는 그란삿소 작전에서 선봉에 섰다. 사진의 오른쪽 윗부분에 DFS-230 글라이더가 보인다.

무솔리니의 오른쪽에서 걷고 있는 오토 스코르체니는 대위 계급장이 붙은 열대용 독일 공군 전투복을 입고 있다. 스코르체니의 친위특수임무대 26명은 모두 공군 복장을 하고 있었다. 당초 스코르체니는 무솔리니의 소재를 밝혀내는 일을 담당했으나, 훗날 무솔리니 구출에 따르는 모든 영예를 한 몸에 받게 된다.

싼 산 속 좁은 골짜기의 동굴에 사령부를 설치했다. 이 동굴은 공중에서 보이지 않을 뿐더러 적의 탐지나 공격이 거의 불가능했다. 또한 적군이 티토를 잡으러 올 경우를 대비한 비상탈출구도 있었다. 1944년 봄, 독일군 최고사령부는 유격대의 지도자를 죽이거나 생포해야만 그들에게 치명타를 날릴 수 있겠다고 판단했다. 이를 위해 그들은 공수작전을 이용한 과감한 계획을 구상했다. 1941년 5월에 크레타에서 입은 큰 손실 때문에 독일 공수부대는 공수부대라기보나는 정예부대로 운용되어왔다. 이런 종류의 전투에는 경험이 전무했던 친위대는 '나이트 무브(Knight Move)'라는 암호명이 붙은 이 작전에서 자신의 능력을 입증해 보여야 했다. 이 작전은 극히 위험했으며, 개시일은 수고 끝에 티토의 생일인 1944년 5월 25일로 정해졌다.

이때까지도 유고슬라비아에서 제공권은 독일 공군이 잡고 있었으므로, 독일은

이 꾀죄죄한 차림의 공수부대원들은 그란삿소 작전 중 몬테 코르노(Monte Corno) 산자락에 있는 케이블카 발착장을 점령하기 위해 파견된 대원들이다. 케이블카가 작동되지 않았기 때문에, 무솔리니는 슈투덴트 장군의 조종사 게를라흐(Gerlach) 대위가 조종하는 피셀러 슈토르히 항공기를 사용해 고원에서 빠져나가야 했다. 이 항공기는 이륙 직후 계곡 속으로 급강하하다가 수평비행을 했다. 무솔리니는 프락티카 디 마레 비행장으로 날아간 후 하인켈 기에 탑승하여 비엔나로 갔다. 거기서 그는 뮌헨을 거쳐 동프러시아의 히틀러 사령부로 이송되었다.

유격대의 방어거점이라고 의심되거나 확실시되는 곳에는 거의 마음대로 기총소사와 폭격을 가할 수 있었다. 이런 확실한 전술적 이점을 이용하여, 독일 공수부대는 중화기 없이 제한된 양의 탄약만 갖고 전투에 투입될 예정이었다. 그러나 친위공수대대에게는 압도적으로 많고 훨씬 잘 무장한 적의 한가운데에서 싸워야 한다는 문제가 있었다. 또한 친위공수부대원들은 아군 항공기가 적의 대공포 회랑을 뚫고 날아와 떨어뜨려주는 보급품에 의존할 수밖에 없었다.

제500친위공수대대의 전 장병들은 세르비아의 크랄예보 (Kralyevo) 공수학교에서 훈련 또는 보충훈련을 받았다. 그들의 첫 임무는 매우 잔혹하고 성공 확률이 거의 희박했다. 그들은 이 임무에서 필사적으로 살아남기만 한다면 복권될 수 있었다. 친위대위 리브카(Rybka)가 지휘하는 이 부대는 글라이더가 착륙할 수 있을 만큼 평탄한 산허리에 낙하산과 글라이더로 강하할 예정이었다. 작전 장소는 드르바르의 보스니아 공업지대로 티토의 산악 사령부가 있는 곳이었다. 작전 목표는 이 게릴라 지도자를 생포하여 그의 유격대 운동을 분쇄하는 것이었다. 총 600여 명 이상의 제500친위공수대대는 적어도 1만 2,000명 이상의 유격대들이 지키고 있는 지역에 강하해야 했다. 불행하게도 항공기가 부족하여 공수부대원들을 한 번에 다 수송할 수가 없었다. 1차 강하는 07:00시, 증원파인 2차 강하는 거의 정오나 되어서야 실시될 수 있었다. 공수부대의 최초 임무는 그 지역을 확보하고 지켜내는 것이었으며, 그것이 완료되면 글라이더 부대—DFS-230 글라이더도 부족하여 단 1회의 글라이더 강습으로 작전을 수행해야 했다—가 착륙하여 유격대의 지도자를 생포할 것이었다. 티토를 생포한 이후에는 육군과 무장친위대 전투단이 구출해줄 때까지 해당지역에서 버텨야 했다. 그 전투단은 강하가 실시된 그날로 바로 구출작전을 실시하라는 명령을 받은 상태였다.

공격 개시

계획에 따라 5월 25일 07:00시가 조금 넘었을 때, 융커스 Ju-52 수송기 편대가 드르바르 상공에서 친위대 대위 리브카가 이끄는 친위공수부대원들을 낙하시키기 시작했다. 제1파는 3개 분견대로 나뉘어 있었는데, 리브카는 제1분견대와 함께 강하했다. 글라이더 예항기(曳航機) 총 40대가 뒤를 따랐다. 수송기에서 몸을 던진 공수부대원들은 몇 분 내에 인적 없는 마을과 그 주변 지역을 점령했다. 강하지대를 확보하자, 선회하던 글라이더들이 착륙하여 특수임무대 총 320명을 내려놓았다. 이 부대는 각각 특수임무를 부여받은 6개 그룹으로 이루어져 있었다. '성채(Citadel)', 즉 티토의 동굴 사령부를 공격하는 임무는 가장 많은 인원을 보유한 글라이더 부대인 '판터(Panther)' 그룹 110명이 맡고 있었으며, 여기에는 리브카와 함께 낙하산으로 강하한 공수부대원들이 소속되어 있었다. 이들은 마을을 출발하여 판터 그룹의 글라이더 6대가 착륙한 산허리로 이동했다. 유격대 방어병력은 이 공격에 크게 당황했으나 독일군도 문제에 봉착했다. 글라이더 여러 대가 착륙 중 추락하여 탑승자 전원이 사망했던 것이다. 다행히도 판터 그룹을 실은 글라이더 6대의 조종사들은 목표인 동굴 입구로부터 불과 수 야드 떨어진 곳에 착륙했다. 리브카는 우선 글라이더가 목표로부터 얼마나 가깝게 착륙했는지를 살핀 다음, 부대원들을 집결시키고 돌격하여 티토를 생포하려 했다. 성공의 조짐이 보이는 듯했다.

그러나 동굴 입구 주위에 있던 티토 경호대대와 기타 유고슬라비아 부대들은 신속하게 대응했고, 약한 목재로 만든 글라이더는 돌투성이의 지면을 미끄러져가다가 적의 총격으로 벌집이 되었다. 리브카가 도착했을 때 이미 작전 현장은 살육장이 되어 있었다. 그는 붉은 조명탄을 발사하여 마을 내의 친위공수부대원들을 신속히 집

Seifarth

1943년 또는 1944년에 임무를 준비하는 모습 이때는 이미 대규모 공수작전의 시대는 지나간 상태였으나, 독일 공수부대는 여전히 다수의 소규모 공수작전을 수행했다. 그 좋은 사례가 1943년 9월 17일의 엘바(Elba) 섬 공격이다. 9월 초, 이탈리아에 대한 연합군 침공 직후(제7강 힘조) 독일 피끄시령부는 당시 이딜티이군이 주둔하고 있던 엘바 섬을 점령하기로 결정한다. 공중폭격 이후 제7낙하산연대 3대대가 이 섬에 강하하여 당황한 이탈리아 주둔군을 보위했다. 낙하산 강하는 완벽하게 성공했으나, 연합군이 안치오에 상륙하자 엘바 섬 점령은 완전히 무의미한 일이 되어버렸다. 엘바 섬 점령은 연합군의 관심사 밖이었던 것이다.

1944년 5월, 드르바르 작전이 끝난 후 독일 공수부대원들이 노획한 티토 원수의 군복을 들어 보이고 있다. 무장친위대뿐만 아니라 브란덴부르크 부대도 공수작전을 한 적이 있다. 1943년 10월 5일, 브란덴부르크 사단의 공수연대가 제22공중강습사단의 지원을 받아 글라이더를 타고 코스(Kos) 섬에 강하했다. 1943년 11월 12일, 이 부대의 소부대들은 제2낙하산연대 1대대의 증원을 얻어 레로스(Leros) 섬도 공격했다. 독일군 최고사령부는 이 두 섬이 발칸반도 공격의 전진기지로 사용되는 것을 두려워했다. 레로스 섬은 방비가 철저했지만, 5일간의 전투 끝에 독일군에게 점령되었다.

결시켰다. 중화기를 장비한 데다가 월등히 많은 병력을 보유한 유격대는 야전방어 시설로 보강된 진지를 지키고 있다는 이점까지 안고 있었다. 이러한 무서운 적과 싸우는 친위공수부대원들이 의지할 것은 병사 개개인의 용기, 훈련도, 그리고 친위대 다운 확고한 신념밖에는 없었다. 이들은 한데 뭉쳐 티토의 '성채'를 점령하기 위해

온 힘을 다했으나, 이 전투는 너무나 불공평한 전투였다. 방어 측의 압도적인 화력으로 첫 번째 돌격은 실패했다. 그러나 친위대원들은 재집결하여 적을 향해 파상공격을 펼쳤다. 일진일퇴가 계속되었다. 오전 내내 처절한 접전을 벌였으면서도 친위대는 티토의 동굴에 들어가지 못했다. 정오가 다가오자 '나이트 무브' 작전이 성공할 가능성은 없다는 것이 분명해졌다.

많은 증원군이 도착하자, 유격대는 주도권을 쥐고 반격을 가하기 시작했다. 정오에 제2파의 친위대 공수부대원들이 강하했다. 그러나 이때는 이미 이탈리아의 바리(Bari) 비행장에 주둔하고 있던 연합군 항공기들이 상황에 대해 경보를 받고 전투 지역 상공으로 출격한 상태였다. 제2파의 공수부대원들이 도착했음에도 불구하고 이 절망적인 상황은 거의 나아지지 않았다. 강하지대에는 적 항공기의 기총소사와 박격포 사격이 휩쓸고 지나갔고, 공수부대원들은 엄청난 인명손실을 입었다. 생존자들이 대대 주력과 합류한 후 동굴에 다시 한 번 공격을 가했으나 이것 역시 실패했다. 유고슬라비아 쪽에는 새로운 부대들이 계속 도착했고, 이들은 독일군의 첫 번째 맹공을 견뎌낸 유격대 부대와 교대하여 전선에 투입되었다.

'나이트 무브' 작전의 실패

오후 늦게, 리브카는 어쩔 수 없이 동굴 지역에서 철수한다는 명령을 내렸다. 대대의 잔존인원들은 구원부대가 올 때를 기다리며 마을 공동묘지의 담 안쪽에 집결했다. 그러나 구원부대는 밤늦게까지도 도착하지 않았으며 친위공수부대원들은 완전히 탈진해버렸다. 강하 후 24시간 내에 공수부대원들과 연계하기로 되어 있던 제1산악사단, 제7친위의용산악사단 '프린츠 오이겐'은 작전목표 달성에 실패했다. 독일군 사령부의 지도 위에서는 짧은 직선에 불과한 거리를 지나가기 위해, 독일군은 한 치를 전진할 때마다 유격대가 설치한 장애물과 매복공격에 부딪히면서 엄청나게 오랜 시간을 소모해야 했다.

적을 완전히 몰살시킬 수 있다는 자신감에 가득 찬 유격대에게 포위된 친위대 공

부다페스트에서 촬영한 오토 스코르체니 건물 입구에 두 명의 친위공수부대원이 경비를 서고 있다. 전쟁 말기에 제600친위공수대대는 동부전선의 '소방수' 역할을 했으며, 1945년 4월 오데르(Oder) 전선에서 마지막 전투를 치렀다. 생존자들은 소련군에 잡혀 사형당하는 것을 면하기 위해 미군에 항복했다.

수부대원들은 드르바르에서 간신히 목숨을 부지하고 있었다. 그러나 연합군은 티토의 사령부가 위험한 상태에 놓인 것으로 판단하고 항공편으로 그를 탈출시키기로 결정한다. 이에 따라 6월 3일, 영국 공군의 다코타(dakota) 기가 그를 태우고 이탈리아로 날아갔다. 1주일 후, 그는 영국군과 유고슬라비아 유격대가 점령한 비스(Vis) 섬에 새로운 사령부를 설치했다.

드르바르의 친위공수대대는 계속되는 막대한 인명손실로 약해져 있었지만, 사기는 여전히 높았다. 춥고 어두운 밤에 그들은 유격대의 공격에 맞서 용감히 싸웠고, 적을 격퇴했다. 새벽이 오자 멀리서 종이를 찢는 듯한 MG-42의 사격음이 들렸다.

그리고 묘지 근처에서 엔진 소리가 들려왔다. 슈빔바겐(Schwimmwagen) 차량 여러 대가 다가오고 있었다. 슈빔바겐 차량은 제7친위의용산악사단 '프린츠 오이겐'의 제13연대 전투단 병력을 싣고 포위망을 돌파했다. 이로써 짧지만 처참했던 전투가 끝이 났다. '나이트 무브' 작전으로 인한 유격대의 사상자는 약 6,000명에 달했고, 전투가 끝난 후 친위공수대대가 인원점검을 실시했을 때 호명에 답한 이들은 200명에 불과했다. 독일군은 티토 생포라는 본래 목적을 달성하는 데 실패했다. 그들에게 한 가지 위로가 된 사실은 그들이 티토의 새 유고슬라비아군 원수 정복을 노획했다는 것이었다.

드르바르 작전에서 나타난 친위공수부대의 탁월한 전투력, 특히 묘지에 포위되었을 때 보여준 용기와 끈기에 감복한 히믈러는 불미스러운 전력을 가진 모든 대원들의 계급과 서훈을 회복시켜주었다. 이 부대는 제600친위공수대대로 개칭되는데, 그것은 과거 제500친위공수대대의 이미지를 벗고 제500친위경보병대대와 혼동되지 않도록 하기 위함이었다. 제600친위공수대대는 1944년 11월 10일에 친위진압부대(대 게릴라전을 비롯해 그와 유사한 임무에 투입)에 배속되지만 자신들의 정체성을 유지하고 독립부대로서 계속 운용되었다. 친위진압부대의 하위부대로는 제500친위강습대대가 있었는데, 이 대대에는 공수훈련을 받은 2개 중대(도라 1중대와 도라 2중대)가 포함되어 있었다. 제600친위공수대대는 종전되기까지 동부전선에서 전투부대로 계속 운용되었으며, 소련 붉은 군대의 진격을 저지하려다 엄청난 사상자를 냈다.

부록 1 : 사단 조직도

1938년 11월 제7공수사단(7th Flieger Division) 전투서열

사단 사령부(템펠호프) 슈투덴트 소장

제1공수연대 제1대대(슈텐달) 브로이어 중령

공수보병대대(브라운슈바이크) 하이드리히 소령

공중강습대대 시도우 소령

괴링 장군 연대(베를린), 슈람 중위의 육군 포병 중대(가르델레겐) 포함.

의무중대(가르델레겐) 디어링스호펜 소령

글라이더 특수임무군(프렌츠라우) 키스 소위

통신중대(베를린) 슐라이허 중위

훈련소(슈텐달) 라인베르거 소령

제1, 2항공수송단 모르치크 대위

1939년 초, 독일 공수부대의 각 부대들은 완전히 재편되었다. 제7공수사단이 그 이름에 걸맞은 사단이 되려면 이제까지 제대로 갖춰지지 않았던 부대 편제를 틀이 보다 잘 잡힌 체제로 대체해야 했다. 1939년 초, 제7공수사단에는 1개 공수소총연대와 1개 대대밖에 없었다. 괴링 장군 연대 예하에 있는 시도우(Sydow)의 공중강습대대와 하이드리히의 공수보병대대를 사단 전력에 포함하기는 했지만, 이들을 공수연대의 일부로 정식 편제에 포함한 것은 아니었다. 합병이 진행되면서 하이드리히의 부대는 제1공수연대의 2공수대대가, 시도우의 부대는 제1공수연대의 3공수대대가 되었다. 사단 사령부가 창설되면서 브로이어는 제1공수연대장이 되었다. 그의 후임으로 제1공수연대 1대대장직에는 폰 그라치(von Grazy) 소령이 임명되었다. 사단 예하 3개 연대 중 제1연대가 정식으로 편성을 완료하면서 1939년 6월에는 제2공수연대 창설이 추진되기 시작했다. 7월 말에는 제2공수연대를 구성할 2개 대대의 편성이 완료된다.

1944년도 낙하산사단(Parachute Division) 전투서열

사단의 완전편제 병력은 15,976명이었다. 1개 사단은 3개 낙하산연대, 1개 대전차대대, 사단 본부, 전투지원부대들로 구성되었다.

낙하산연대(3,206명)

3개 대대와 견인식 75밀리미터 대전차포 3문을 장비한 1개 대전차중대(186명), 120밀리미터 박격포 9문~12문을 장비한 1개 박격포중대(163명)로 구성

낙하산대대(853명)

3개 보병중대(각 170명)와 중기관총 8정, 81밀리미터 박격포 4문, 75밀리미터 경무반동포 2문을 보유한 1개 기관총중대(205명)로 구성

포병연대(1,571명)

75밀리미터 산악포 12문을 보유한 1개 대대(예하 3개 포병중대)와 105밀리미터 무반동포 12문을 보유한 1개 대대(예하 3개 포병중대)로 구성

박격포대대(594명)

120밀리미터 박격포 12문을 보유한 3개 박격포중대로 구성

대전차대대(484명)

75밀리미터 견인식 대전차포 12문을 보유한 1개 중대, 75밀리미터 자주포 14문을 보유한 1개 중대, 20밀리미터 자주대공포 12문을 보유한 1개 대공중대로 구성

전투공병대대(620명)

3개 전투공병중대와 1개 기관총중대로 구성

대공포대대(824명)

2개 중대공포중대(1개 중대는 88밀리미터 대공포 6문 보유)와 견인식 20밀리미터 대공포 18문을 보유한 1개 경대공포중대로 구성

통신대대(379명)

1개 무선중대, 1개 유선중대, 1개 경통신중대로 구성

의무대대(800명)

2개 의무중대, 1개 야전병원, 1개 경의무중대로 구성

수색중대(200명)

기사십자훈장

Witzig, Rudolf

Beyer, Herbert

Germer, Ernst

Kurz, Rudolf

이름	계급	수훈일
Abratis, Herbert	대위	1944년 10월 24일
Adolff, Paul	소령	1943년 3월 26일
Altman, Gustav	중위	1940년 5월 12일
Arpke, Helmut	상사	1940년 5월 13일
von Baer, Bern(HG)	중령	1944년 1월 13일
Barmetler, Josep	중위	1941년 7월 9일
Becker, Karl-Heinz	중위	1941년 7월 9일
Behre, Freidrich(HG)	소위	1945년 5월 9일
Beine, Erich	대위	1944년 9월 5일
Belinger, Hans-Josif(HG)	대위	1944년 9월 30일
Berger, Karl	소위	1945년 2월 7일
Berneike, Rudolf	소령	1945년 3월 15일
Bertram, Karl-Eric	중령	1945년 3월 16일
Beyer, Herbert	대위	1944년 6월 9일
Birnbaum, Fritz(HG)	원사	1944년10월 19일
Blücher, Wolfgang	소위(군의관)	1940년 5월 24일
Boehlein, Rudolf	중령	1944년11월 30일
Bümler, Rudolf	소령	1944년 3월 26일
Brauensteiner, Ernst	중령	1944년 10월 29일
Bräuer, Bruno	대령	1940년 5월 24일
Briegel, Hans(HG)	소령	1945년 1월 17일
Büttner, Manfred	상사	1945년 4월 29일
Conrath, Paul(HG)*	대령	1941년 9월 4일
le Coutre, Georg	소위	1945년 2월 7일
Delica, Egon	소위	1940년 5월 12일
Deutsch, Heinz	소위(군의관)	1945년 4월 28일
Donth, Rudolf	상사	1945년 1월 14일
Egger, Reinhard*	중위	1941년 7월 9일
Engelhardt, Johan	중위	1944년 2월 29일
Erdmann, Wolfgang	중장	1945년 2월 8일
Ewald, Werner	소령	1944년 9월 12일
Fitz, Josef August(HG)	대위	1942년 12월 11일
Follin, Ferdinand	대위	1944년 6월 9일
Francois, Edmund(HG)	대위	1944년 10월 20일
Fries, Herbert	일병	1944년 9월 5일

Görtz, Helmuth

Frömming, Ernst	소령	1944년 11월 18일
Fulda, Wilhelm	소위	1941년 6월 14일
Gast, Robert	소위	1944년 10월 6일
Genz, Alfred	중위	1941년 6월 14일
Gericke, Walter*	대위	1941년 6월 14일
Germer, Ernst	상사	1944년 10월 29일
Gersteuer, Günther	소령	1945년 4월 28일
Gerstner, Siegfried	소령	1944년 9월 13일
Görtz, Helmuth	상사	1940년 5월 24일
Graf, Rudolf(HG)	중위	1941년 10월 6일
Grassmel, Franz*	소령(군의관)	1944년 4월 8일
Groeschke, Kurt*	소령	1944년 6월 9일
Grünewald, Georg	원사	1944년 10월 29일
Grunhold, Werner(HG)	하사	1944년 11월 30일
Hagl, Andreas	중위	1941년 7월 9일
Hahm, Konstantin(HG)	소령	1944년 6월 9일
Hamer, Reins	대위	1944년 9월 5일
Hansen, Hans-Christian(HG)	대위	1945년 2월 11일
Hartelt, Wolfgang(HG)	원사	1945년 2월 23일
Hauber, Friedrich	대위	1944년 9월 5일
Heidrich, Richard*	대령	1941년 6월 14일
Heilmann, Ludwig*	소령	1941년 6월 14일
Hellmann, Erich	소위	1944년 10월 6일
Hengstler, Richard	대위	1945년 4월 28일
Herbert, Erhart(HG)	원사	1945년 3월 26일
Herrmann, Harry	중위	1941년 7월 9일
Herzbach, Max	대위	1944년 9월 13일
von Heydebreck, Georg(HG)	대령	1944년 6월 25일
von der Heydte, Freiherr	대위	1944년 7월 9일
Hoefeld, Robert	중위	1943년 5월 18일
Hübner, Edward	대위	1945년 5월 9일
Itzen, Dirk(HG)	소위	1941년 11월 23일
Jacob, Georg-Rupert	중위	1944년 9월 13일
Jäger, Rudolf	대령(군의관)	1940년 5월 13일
Jamrowski, Siegfried	중위	1944년 6월 9일
Jungwirth, Hans	소령	1945년 5월 9일
Kalow, Siegfried(HG)	하사	1944년 10월 29일
Kempke, Wilhelm	상사	1941년 8월 21일
Kerfin, Horst	중위	1940년 5월 24일
Kerutt, Hellmut	소령	1945년 2월 2일
Kiefer, Edward(HG)	대위	1943년 5월 18일
Kiess, Walter	중위	1940년 5월 12일
Klein, Armin(HG)	소위	1945년 3월 12일
Kluge, Walter(HG)	소령	1943년 8월 2일

Schuster, Erich

Reininghaus, Adolf

Delica, Egon

Donth, Rudolf

Kempke, Wilhelm

Sassen, Bruno

Scheid, Johannes

Berger, Karl

Schäsfer, Heinlich

Koch, Walter

Knaf, Walter(HG)	소위	1944년 4월 4일
Koch, Karl	원사	1944년 10월 27일
Koch, Walter	대위	1940년 5월 10일
Koch, Willi	원사	1944년 6월 9일
Koenig, Heinz(HG)	소위	1945년 2월 8일
Koepsell, Herbert(HG)	하사	1945년 2월 7일
Köppen, Eckardt(HG)	상사	1945년 3월 15일
Kratzert, Rudolf	대위	1944년 6월 9일
Kraus, Rupert(HG)	중위	1944년 11월 30일
Krink, Heinz	소위	1944년 6월 9일
Kroh, Hans*	소령	1941년 8월 21일
Kroymans, Willi	중위	1945년 1월 20일
Kuhlwilm, Wilhelm(HG)	중위	1944년 11월 30일
Kühne, Martin	대위	1945년 2월 29일
Kulp, Karl(HG)	상사	1944년 9월 5일
Kunkel, Kurt-Ernst	소위	1945년 4월 30일
Kurz, Rudolf	원사	1944년 11월 18일
Langemeyer, Carl	대위(군의관)	1944년 11월 18일
Lehmann, Hans-Georg(HG)	중위	1944년 10월 10일
Leitenberger, Helmut(HG)	소위	1945년 4월 17일
Lepkowski, Erich	소위	1944년 8월 8일
Liebing, Walter	소령	1945년 2월 2일
Lipp, Hans-Hermann	대위	1944년 10월 31일
Mager, Rolf	대위	1944년 10월 31일
Marscholek, Hans	중위	1944년 10월 31일
Meindl, Eugen*	소장	1941년 6월 14일
Meissner, Joachim*	소위	1940년 5월 12일
Menges, Otto	원사	1944년 6월 9일
Mertins, Gerhard	대위	1944년 12월 6일
Meyer, Elimar	소위	1943년 9월 17일
Meyer, Heinz*	대위	1944년 4월 8일
Milch, Werner	대위	1945년 1월 9일
Mischke, Gerd	소위	1943년 5월 18일
von Necker, Hanns-Horst(HG)	대령	1944년 6월 24일
Neuhoff, Karl	원사	1944년 6월 9일
Neumann, Heinrich	소령(군의관)	1941년 8월 21일
Orth, Heinrich	원사	1942년 3월 18일
Pade, Gerhard	소령	1945년 4월 30일
Paul, Hugo	대위	1944년 11월 18일
Peitsch, Herbert	일병	1944년 10월 29일
Pietzonka, Erich*	중령	1944년 9월 5일
Plapper, Albert(HG)	일병	1944년 11월 30일
Prager, Pritz	대위	1940년 5월 24일
Quednow, Pritz(HG)	대위	1944년 4월 5일

Rademacher, Emil(HG)	일병	1945년 2월 23일
Ramcke, Hermann-Bernhard*	대령	1941년 8월 21일
Rammelt, Siegfried	소위	1944년 6월 9일
Rapräger, Ernst-Wilhelm	중위	1943년 5월 10일
Rebholz, Robert(HG)	대위	1943년 8월 2일
Reininghaus, Adolf	원사	1944년 9월 13일
Renisch, Paul Ernst	대위	1944년 11월 27일
Rennecke, Rudolf*	대위	1944년 6월 9일
Renz, Joachim(HG)	대위	1944년 12월 6일
Richter, Heinz	소위	1945년 3월 24일
Ringler, Helmut	소위	1940년 5월 15일
von Roon, Arnold	중위	1941년 7월 9일
Rossman, Karl(HG)	중위	1941년 11월 12일
Sander, Walter	소위	1945년 2월 28일
Sandrock, Hans(HG)	소령	1944년 10월 18일
Sassen, Bruno	상사	1942년 2월 22일
Schacht, Gernard	소위	1940년 5월 12일
Schächter, Martin	소위	1940년 5월 12일
Schäfer, Heinrich	원사	1944년 8월 8일
Scheid, Johannes(HG)	원사	1943년 6월 21일
Schewe, Friedrich Meyer(HG)	대령	1945년 5월 9일
Schimpf, Richard	중장	1944년 10월 6일
Schimpke, Horst	소위	1944년 9월 5일
Schirmer, Gerhart*	대위	1941년 6월 14일
Schlemm, Alfred	대장	1944년 6월 11일
Schmalz, Wilhelm(HG)*	소령	1940년 11월 28일
Schmidt, Herbert	중위	1940년 5월 24일
Schmidt, Leonhard	대위	1945년 4월 30일
Schmidt, Werner	소령	1944년 4월 5일
Schreiber, Kurt(HG)	대위	1943년 6월 21일
Schster, Erich	상사	1941년 8월 21일
von der Schulenburg, Wolf-Werner	소령	1943년 6월 20일
Schultz, Karl Lothar*	대위	1940년 5월 24일
Schwarzmann, Alfred	중위	1940년 5월 24일
Schwein, Heiz-Herbert(HG)	소령	1945년 2월 28일
Sempert, Günther	대위	1944년 9월 30일
Sniers, Hubert	소위	1944년 10월 24일
Stecken, Albert	소령	1945년 4월 28일
Steets, Konrad(HG)	일병	1944년 11월 30일
Stehle, Werner	소위	1945년 4월 28일
Stentzler, Edgar	소령	1941년 7월 9일
Stepani, Kurt	소령	1944년 9월 30일
Straehler-Pohl, Günther	대위	1943년 5월 10일
Stronk, Wolfrann(HG)	대위	1944년 10월 18일

Altmann, Gustav

Blauensteiner, Ernst

Becker, Karl-Heinz

Barmetler, Josef

Köppen, Eckadt

Dr. Neumann

Fries, Herbert

Beine, Erich

Strum, Alfred	대령	1941년 7월 9일	
Stuchlik, Werner(HG)	대위	1944년 11월 30일	
Student, Kurt*	중장	1940년 5월 12일	
Tannert, Karl	대위	1944년 4월 5일	
Teusen, Hans	소위	1941년 6월 14일	
Tietjen, Cord	소위	1940년 5월 27일	
Timm, Erich	소령	1944년 10월 3일	
Toschka, Rudolf	중위	1941년 6월 14일	
Trebes, Horst	중위	1941년 7월 9일	
Trettner, Heinrich*	소령	1940년 5월 24일	
Trotz, Herbert	대위	1945년 4월 30일	
Tschierschwitz, Gerhard(HG)	중위	1944년 12월 6일	
Uhlig, Alexander	원사	1944년 10월 29일	
Veth, Kurt	대위	1944년 9월 30일	
Vitali, Viktor	소위	1945년 4월 30일	
Wagner, Helmut	소위	1942년 1월 27일	
Wallhäusser, Heinz(HG)	중위	1944년 11월 30일	
Wangerin, Freidrich-Wilhelm	대위	1944년 10월 24일	
Weck, Hans-Joachim	소위	1945년 4월 30일	
Welskop, Heinrich	원사	1941년 8월 20일	
Werner, Walter	상사	1944년 6월 9일	
Wimmer, Johann(HG)	대위	1945년 1월 28일	
Witte, Heinrich(HG)	상병	1943년 5월 18일	
Wittig, Hans-Karl	상사	1944년 2월 5일	
Witzig, Rudolf	중위	1940년 5월 10일	
Zahn, Hilmar	중위	1944년 6월 9일	
Zierach, Otto	중위	1940년 5월 15일	

Bausch, Friedrich-Karl

Abratis, Herbert

백엽 · 백엽검 · 백엽검다이아몬드기사십자훈장

이름	계급	훈장	수훈일	수훈빈호
Conrath, Paul	소장	백엽기사십자훈장	1943년 2월 21일	276
Egger, Reinhard	중령	백엽기사십자훈장	1944년 6월 24일	510
Fitz, Josef	소령	백엽기사십자훈장	1944년 6월 24일	511
Gericke, Walter	소령	백엽기사십자훈장	1944년 9월 17일	585
Grassmel, Franz	소령	백엽기사십자훈장	1945년 5월 8일	868
Gröscke, Kurt	중령	백엽기사십자훈장	1945년 1월 9일	643
Heidrich, Richard	중장	백엽기사십자훈장	1944년 2월 5일	382
		백엽검기사십자훈장	1944년 3월 25일	55
Heilmann, Ludwig	대령	백엽기사십자훈장	1944년 3월 2일	412

		백엽검기사십자훈장	1944년 5월 15일	67
von der Heydte, Fr	중령	백엽기사십자훈장	1944년 10월 18일	617
Kroh, Hans	중령	백엽기사십자훈장	1944년 7월 6일	443
	대령	백엽검기사십자훈장	1944년 9월 12일	96
Meindl, Eugen	대장	백엽기사십자훈장	1944년 8월 31일	564
		백엽검기사십자훈장	1945년 5월 8일	155
Meyer, Heinz	대위	백엽기사십자훈장	1944년 11월 18일	654
Pietzonka, Erich	대령	백엽기사십자훈장	1944년 9월 16일	584
Ramcke, Hermann	소장	백엽기사십자훈장	1942년 11월 13일	145
	중장	백엽검기사십자훈장	1944년 9월 19일	99
	중장	백엽검다이아몬드기사십자훈장	1944년 9월 19일	20
Rennecke, Rudolf	소령	백엽기사십자훈장	1944년 11월 25일	664
Rossmann, Karl	소령	백엽기사십자훈장	1945년 2월 1일	725
Schirmer, Gerhart	중령	백엽기사십자훈장	1944년 11월 18일	657
Schmalz, Wilhelm	대령	백엽기사십자훈장	1943년 12월 23일	358
Schulz, Karl-Lothar	대령	백엽기사십자훈장	1944년 4월 20일	459
		백엽검기사십자훈장	1944년 11월 18일	112
Student, Kurt	대장	백엽기사십자훈장	1943년 9월 27일	305
Trettner, Heinrich	소장	백엽기사십자훈장	1944년 9월 17일	586
Witzig, Rudolf	소령	백엽기사십자훈장	1944년 11월 25일	662

* = 백엽, 백엽검, 백엽검다이아몬드기사십자훈장 수훈자
(HG) = 헤르만 괴링 사단

찾아보기

ㄱ

강의 전투 195, 196

게리케, 발터 61, 148, 156, 240

공군

  제1낙하산군 41, 225, 233, 240

  제1낙하산군단 42, 158, 160, 189, 194, 195, 197, 200, 209

  제1낙하산사단 44, 111, 141, 145, 147, 149, 158, 160, 167, 169, 172, 173, 178~181, 190, 191, 195, 199~201,

  제2낙하산군단 42, 209, 210, 217, 219, 221, 224, 227, 229, 231

  제2낙하산사단 111, 113~115, 117, 118, 148, 153, 156, 207, 209, 214, 219, 224, 230, 240

  제3낙하산사단 114, 207~209, 217, 219, 221, 223, 224, 227, 229, 232, 235, 237, 240

제4낙하산사단 114, 141, 151, 153~155, 158~161, 163, 188, 191, 194, 196, 198, 199, 201

제5낙하산사단 207~209, 217, 224, 227, 232, 235~237, 239, 240

제5낙하산연대 113, 223

제6낙하산사단 207

제7공수사단 26, 27, 41, 44, 45, 48, 55, 63, 64, 82, 91, 99, 100, 102, 103, 109, 111, 124, 149, 264

제9낙하산사단 117, 118

제10낙하산사단 117, 119, 120

제11공수전투공병대대 128, 133, 135, 139

제21공수(낙하산)전투공병연대 118, 135, 234

공수부대

괴링 장군 연대 33, 35, 264

기관총대대 42, 102, 104, 108, 169

람케 공수여단 123, 126, 127, 129~132, 139,

156

바렌틴 공수연대 138, 139

박격포대대 47, 190, 191, 265

슈트름 전투단 102, 103

야전헌병 129

통신대대 41, 153, 266

헤르만 괴링 기갑사단 45, 146~149, 156

공중강습연대 82, 83, 85, 86, 89, 91, 95, 100, 102~105, 108, 156, 158

공중강습작전 46

괴링, 헤르만 19, 24, 29, 31~33, 38, 39, 41, 45, 80, 85, 96, 209

구스타프 방어선 158, 161, 163, 165, 168, 181

구초니, 알프레도 146, 147, 149, 152

국가사회주의 항공대(NSFK) 21, 22

그란삿소 245~247, 249, 250, 253, 254, 256

그뢰슈케 57, 169

그리스 75, 76, 79~81, 85, 87, 88, 91, 92, 144

마르더 2호 자주포 110

LG40/42 무반동포 43

28밀리미터 SPbz 41 107

지뢰 115, 124, 194

판처파우스트 124, 239

덴마크 56, 61, 57

독일 육군

공수대대 35, 39~42, 45

브란덴부르크 사단 41, 260

제3산악사단 58, 63

제5산악사단 75, 82, 86, 87, 93

제22보병사단(공중강습사단) 26, 46, 64, 82, 260

돈트, 루돌프 199

DFS-230 글라이더 10, 37, 82, 89, 247, 248, 254, 257

ㄴ

나이트 무브 255, 261, 263

네덜란드 53, 59, 62~67, 70, 71, 227, 234, 240, 242

넴보 독립 공수대대 153, 158, 188

노르망디 103, 203, 206, 207, 209~212, 214~217, 219, 221, 224, 227, 230

노르웨이 46, 56~58, 61, 63

ㄹ

라인 경계 231, 237

람케, 베른하르트 89, 123, 125, 128, 131, 139, 156, 207, 219, 224, 230

레로스 260

롬멜, 에르빈 125, 126, 127, 129~131, 137, 156, 158, 207, 229

루르 고립지대 240, 241

리브카 257, 258, 261

리페츠크 비행장 18, 20

링겔 75, 82, 87, 92~94

ㄷ

대전차부대 44, 149

대전차무기

대전차포 43, 110, 115, 123, 186, 212, 265, 266

ㅁ

마인들, 오이겐 82, 91, 103, 108, 210, 224, 227

마켓 가든 227, 231, 233

메르쿠르 75, 80

모르스 254

모터사이클 15, 45, 76, 87, 99, 102, 124, 137, 151, 175

몰타 95, 123, 125, 126

몽고메리, 버나드 127, 129, 130, 146, 212, 221, 224, 225, 227

무기

  권총 32, 38, 40, 46, 50, 81

  기관총 10, 15, 24, 38, 42, 49, 50, 57, 106, 152, 155, 185, 200, 206, 208, 210, 215, 216, 223, 228, 229, 265

  기관단총 37, 39, 105, 109, 108, 173, 199, 229

  박격포 34, 47, 187, 219

  소총 23, 50, 55, 108, 105, 173, 197, 199, 205, 208, 215

  수류탄 38, 50, 81, 107, 111, 119, 173, 220, 232

  화염방사기 68, 104, 117

무솔리니, 베니토 152, 245, 246, 248, 250, 251, 253, 255, 256

바덴, 발터 227

바렌틴, 발터 138

바셍에, 게르하르트 27, 44

발터, 에리히 61, 103

벨기에 37, 53, 55, 63, 64, 67, 68, 70, 71, 225

뵘러, 루돌프 169, 178, 179

브로이어, 브루노 35, 42, 264

비트치히, 루돌프 56, 67, 68, 69, 70, 71, 115, 118, 128, 133, 135, 139

생 로 217, 219~221, 223, 224, 226, 229, 228

쉼프, 리하르트 207, 235

슈렘, 알프레트 158

슈멜링, 막스 17

슈미트, 헤르베르트 57, 61, 169

슈투덴트, 쿠르트 19, 27, 44, 45, 48, 53, 60, 63~65, 67, 70, 79, 80, 82~86, 91, 93, 95, 99, 144, 156, 207, 227, 233, 242, 249, 256, 264

슈트름, 알프레트 91, 102

슐츠, 카를 로타 169, 191

스코르체니, 오토 245~249, 251, 255, 262

스페인 내전 22, 192

스폴레티 248, 253

시칠리아 139, 141, 143~149, 152, 153, 156, 245

아디제 방어선 198, 201

아르덴 63, 231, 232, 235, 237, 239, 240

아이젠하워, 드와이트 144, 153, 225, 227

안치오 151, 154, 155, 157, 158~162, 165, 167, 168, 170, 183, 191, 259

알람 할파 전투 129

알렉산더, 해롤드 144, 146, 154, 175, 178, 180, 189, 196

알트만, 구스타프 67, 91

에벤 에마엘 55, 56, 64, 66~71, 118, 133, 137

엘바 259

전차 45, 111, 119, 190, 235, 237, 239

제1차 세계대전 7, 9, 11, 12, 15, 17, 18, 22, 25,

27, 44, 46, 144, 167

제복과 장비

구명조끼 133

그라비티 나이프 101

낙하산 멜빵 21, 34~36, 101, 198

동계복(방한복) 106, 119, 236

모터사이클 운전병 99, 136

무릎 보호대 13, 21, 101

바지 33, 101, 109, 117, 128, 134

방독면 주머니 43

벨트 9, 119, 232

비행복 46

스목 9, 25, 40, 109, 134, 185, 186, 188, 208

야전모 128

열대용 독일 공군 전투복 255

장갑 16, 21

재킷 117

전투화 43, 128, 192, 208

탄입대 38, 109, 199

토크 106

헬멧 21, 34, 49, 105, 106, 113, 123, 155, 168, 186, 188, 198, 208

주데텐란트 45, 120

쥐스만, 빌헬름 82, 83, 91

처칠, 윈스턴 143, 175, 186, 189

친위대 71, 227, 237, 245, 248~250, 255, 260, 261, 263

친위공수대대 39, 248, 251, 257, 262, 263

카텐라트 215

케셀링, 알프레트 99, 148, 150, 155~158, 160, 162, 171, 180, 181, 189, 191, 196

코흐, 발터 55, 56, 66, 67, 69, 113, 128, 133, 139

토이센, 한스 79

튀니지 121, 124, 128, 129, 131~139, 145

트레트너, 하인리히 121, 124, 128, 129, 131~139, 145

티토, 요시프 253~255, 257, 258, 260~263

패튼, 조지 S. 146, 147, 224, 230

페트, 쿠르트 177

폰 데어 하이테 남작 80, 93, 95, 99, 124, 126, 209, 214, 217, 224, 227, 233~237, 239

폰 룬트슈테트, 게르트 207, 209, 214, 231

폰 막켄젠, 한스 게오르크 154, 158, 160~163

폰 슈포네크, 그라프 62, 64~66

폰 아르님, 위르겐 132, 136, 137, 139

폰 젱어-에털린, 프리돌린 179, 201

폰 피팅호프, 하인리히 156, 158, 189, 201

폴고레 공수사단 129, 153, 158, 188

폴란드 55, 56, 59

폴틴 169, 171, 174

프라거, 프리츠 59

프레이버그, 버나드 80, 87~89, 95, 170, 172, 174, 178

프리마솔레 다리 149, 150, 152

프리스, 헤르베르트 190

피트촌카 57, 77

ㅎ

하이드리히, 리하르트 40, 45, 91, 111, 149, 169, 171, 172, 175, 191
하일만, 루트비히 83, 169, 171, 173, 227
항공기
　Bf-110 57, 77
　Ju 52 17, 21, 20, 31, 48, 57, 61, 62, 64, 66, 70, 76~79, 81~84, 86, 91, 92, 116, 130~132,

135, 149, 258
헤름센, 하인리히 50, 150
휘장
　공군 공수휘장 26, 38, 39, 41, 50, 51
　공군 지상돌격휘장 192, 193
　글라이더 조종사 휘장 14
　수장 10, 96, 139
　육군 공수휘장 14, 39, 40, 41
히틀러, 아돌프 18~22, 31, 33, 44, 49, 53, 56, 63, 65, 67, 71, 73, 75, 80, 95, 99, 103, 123, 132, 139, 141, 148, 155, 156, 161, 167, 196, 205, 209, 210, 214, 230, 231, 245, 246, 249, 252

KODEF 안보총서 **4**

히틀러의 하늘의 전사들
제2차 세계대전 독일 공수부대 팔쉬름얘거의 신화

개정판 1쇄 인쇄 2017년 7월 24일
개정판 1쇄 발행 2017년 7월 31일

지은이 | 크리스토퍼 아일스비
옮긴이 | 이동훈
펴낸이 | 김세영
펴낸곳 | 도서출판 플래닛미디어

주소 | 04035 서울시 마포구 월드컵로8길 40-9 3층
전화 | 3143-3366
팩스 | 3143-7996
등록 | 2005년 9월 12일 제 313-2005-000197호
이메일 | webmaster @ planetmedia.co.kr

ISBN 979-11-87822-06-6 03390